"十二五"职业教育国家规划教材
经全国职业教育教材审定委员会审定

金属熔焊基础

主　编　曾金传
副主编　方　雁
参　编　吴志亚　周　康　高艳华
　　　　杨炎川　许　莹　王丽宁

机 械 工 业 出 版 社

本书是经全国职业教育教材审定委员会审定的“十二五”职业教育国家规划教材，是根据教育部于2014年公布的《中等职业学校焊接技术应用专业教学标准》，同时参考最新“焊工”国家职业技能要求，结合中等职业教育人才培养目标的要求编写的。本书注重教学内容的实用性，结合焊接专业技术岗位特点，把典故、生活常识和专业知识联系起来，巧妙地利用图表使内容浅显易懂，有利于学生理解和掌握金属熔焊基础知识。

全书共六个单元，主要内容包括金属学基础、焊接电弧、焊接冶金基础、焊接接头的组织与性能、焊接缺陷的产生与防止、焊接材料。本书将需要掌握的知识点按单元进行分解，每个单元安排了情景导入、学习目标，并安排了“资料卡片”和“想一想”等栏目拓宽学生的知识面；为了兼顾焊工考证的理论知识点，单元末安排了思考与练习，以满足“双证制”的教学需要。

本书可作为中等职业学校、技工院校及各类成人教育焊接专业教材或培训用书，也可作为有关技术人员的参考用书或在岗人员的自学用书。

为便于教学，本书配套有电子课件等教学资源，选择本书作为教材的教师，可来电（010-88379197）索取，或登录 www.cmpedu.com 网站，注册后免费下载。

图书在版编目（CIP）数据

金属熔焊基础/曾金传主编. —北京：机械工业出版社，2015.10（2023.8重印）

“十二五”职业教育国家规划教材

ISBN 978-7-111-51879-2

Ⅰ.①金… Ⅱ.①曾… Ⅲ.①熔焊-职业教育-教材 Ⅳ.①TG442

中国版本图书馆CIP数据核字（2015）第247841号

机械工业出版社（北京市百万庄大街22号 邮政编码100037）

策划编辑：齐志刚 责任编辑：齐志刚 韩 冰 责任校对：陈 越

封面设计：张 静 责任印制：郜 敏

北京富资园科技发展有限公司印刷

2023年8月第1版第5次印刷

184mm×260mm · 8.5印张 · 206千字

标准书号：ISBN 978-7-111-51879-2

定价：29.00元

电话服务 网络服务

客服电话：010-88361066 机 工 官 网：www.cmpbook.com

010-88379833 机 工 官 博：weibo.com/cmp1952

010-68326294 金 书 网：www.golden-book.com

 机工教育服务网：www.cmpedu.com

前　言

本书是根据教育部《关于中等职业教育专业技能课教材选题立项的函》（教职成司［2012］95号），由全国机械职业教育教学指导委员会和机械工业出版社联合组织编写的"十二五"职业教育国家规划教材，是根据教育部于2014年公布的《中等职业学校焊接技术应用专业教学标准》，同时参考"焊工"职业资格标准编写的。

本书注重教学内容的实用性，结合焊接专业技术岗位特点，科学合理地取材和编写。本书的主要特点有：

（1）根据中等职业教育"以理论够用为度"的原则，注重内容的实用性、新颖性、先进性、通俗性、趣味性，将典故、生活常识和专业知识联系起来，巧妙地利用图表使内容浅显易懂，以调动学生学习的积极性。

（2）突出职业教育的特色，侧重理论联系实际，提高应用能力；通过正确分析焊接冶金过程、焊接热过程，选用合理的焊接材料、焊接工艺，防止焊接缺陷的产生。

（3）对某些基础理论进行了必要的精简，注重提高学生的学习能力。本书将需要掌握的知识点按单元进行分解，每单元前安排有情景导入、学习目标；通过"资料卡片"和"想一想"，拓宽学生的知识面，提高其分析问题和解决问题的能力；为了兼顾焊工考证的理论知识点，各单元末均安排了思考与练习，以满足"双证制"的教学需要，学生可通过思考与练习检验自己的学习效果。

（4）编写风格生动活泼、图文并茂、通俗易懂，教师易教，学生易学。

（5）充分考虑了金属熔焊基础与其他课程之间的关系，加强了焊接冶金分析、焊接缺陷防止及焊接材料等方面的内容。

（6）立体化配套齐全，为教师教学与学生自学提供较为全面的支持。

本书教学课时的分配建议见下表，任课教师可根据学校的具体情况进行调整。

单　元	内　容	建议学时
绪论	绪论	2
第一单元	金属学基础	16
第二单元	焊接电弧	4
第三单元	焊接冶金基础	16
第四单元	焊接接头的组织与性能	10
第五单元	焊接缺陷的产生与防止	10
第六单元	焊接材料	6
总计	64	

全书共六个单元，由曾金传任主编，方雁任副主编。编写人员及具体分工如下：曾金传编写绪论及第一、第三、第五单元的部分内容；吴志亚编写第一单元；方雁编写第二单元；方雁、周康编写第三单元；高艳华编写第四单元；杨炎川编写第五单元；许莹、王丽宁编写第六单元。全书由曾金传统稿。

本书经全国职业教育教材审定委员会审定，评审专家对本书提出了宝贵的建议，在此对他们表示衷心的感谢！本书在编写过程中参考了大量的文献资料，在此向这些文献资料的作者致以诚挚的谢意！

由于编写时间和水平有限，书中不妥之处在所难免，恳请广大读者提供意见和建议。

编　者

目 录

绪 论

焊接是制造金属制品的一项重要工艺，也是一门综合性的科学技术。它具有独特、优异的技术经济指标，已被广泛应用于机械制造、石油化工、海洋船舶、航空航天、电力、电信及家用电器等各个部门。

现代焊接技术的发展始于19世纪80年代末，科学技术的发展为焊接技术的发展提供了理论基础和物质条件。随着新焊接能源的开发与应用，新的焊接方法不断涌现，推动了焊接技术应用范围的不断扩大。而一些高、精、大型产品制造的高要求，又有力地推动了焊接技术的发展。迄今为止，焊接已发展为一门独立的学科，成为不可缺少的工艺方法，并将发挥越来越大的作用。

一、焊接的概念与分类

焊接一般是用加热的方式使两件金属物体结合起来。GB/T 3375—1994《焊接术语》中指出：焊接是通过加热或加压，或者两者并用，并且用或不用填充材料，使焊件间达到原子间结合的一种加工方法。

根据上述定义，焊接时必须加热或加压（或两者并用）。按照加热的程度以及是否加压，可将焊接划分为熔焊、压焊与钎焊三大类，如图0-1所示。

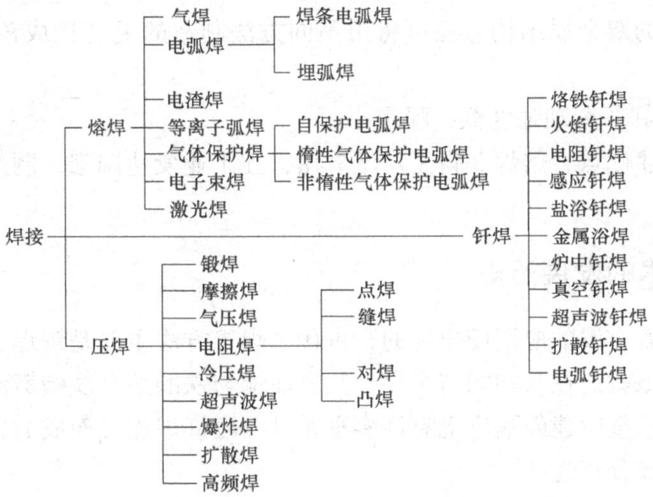

图0-1　焊接分类

焊接过程中，将焊件接头加热至熔化状态，不加压力完成焊接的方法称为熔焊。常用的熔焊方法有电弧焊、气焊、电渣焊等。焊接过程中，必须对焊件施加压力（加热或不加热）以完成焊接的方法称为压焊。常用的压焊方法有电阻焊（对焊、点焊、缝焊）、摩擦焊、爆炸焊、超声波焊等。焊接过程中，采用比母材熔点低的金属材料做钎料，将焊件和钎料加热到高于钎料熔点、低于母材熔点的温度，利用液态钎料润湿母材，填充接头间隙并与母材相互扩散以连接焊件的方法称为钎焊。常用的钎焊方法有火焰钎焊、感应钎焊、炉中钎焊、盐浴钎焊和真空钎焊等。本书主要介绍熔焊基础知识。

熔焊是国防与民用工业装备制造中应用最多的一类焊接方法。大型、高参数（高温、高压下运行）设备，如在大吨位船舶、舰艇、发电设备、核能装置、化工机械的制造中，几乎全部使用熔焊。

二、熔焊的特点

在机械制造中，连接机件的方法很多，除焊接外，还有螺栓连接、铆钉连接、胶接等。其中，螺栓连接是可以拆卸的；其他几种连接方式只有将接头破坏才能拆开，属于不可拆卸连接。

与其他连接方法相比，熔焊具有以下优点。

（1）节约材料　焊接接头在连接处没有重叠部分，也不需要附加的连接件（如铆钉），从而减少了材料的消耗，降低了结构自重及生产成本。

（2）工艺过程比较简单　焊件不需要开孔加工，也不需要制造连接附件，同时焊接本身生产率高，从而大大缩短了制造周期。

（3）质量高　熔焊的结合部位（焊接接头）不仅可以获得与母材相同的力学性能，而且其他使用性能（耐热性、耐蚀能力等）也能够与母材相匹配。特别是不需要采用特殊措施即可获得优良的密封性，使其成为在压力容器与船舶制造中重要的连接方法。

（4）可充分发挥设备和材料的潜力　焊接可以将较大的产品分段制造，不仅能制造由不同材料连接而成的双金属结构，还可将由不同方法制造的毛坯连成铸-焊、铸-锻-焊复合结构。

（5）劳动条件好　劳动强度低、噪声小。

由于具备了上述优点，熔焊获得了广泛应用，在工业发达国家，制造焊接结构所用的钢材约占钢材总量的一半。

三、焊接技术的发展历史

焊接技术是随着金属的应用而出现的，古代的焊接方法主要是铸焊、钎焊和锻焊。我国商朝制造的铁刃铜钺就是铁与铜的铸焊件，其表面铜与铁的熔合线蜿蜒曲折，接合良好；春秋战国时期，曾侯乙墓中建鼓铜座上有许多盘龙是分段钎焊连接而成的，经分析，其所用钎料与现代软钎料的成分相近。

战国时期制造的刀剑，其刀刃为钢，刀背为熟铁，一般是经过加热锻焊而成的。据明朝宋应星所著《天工开物》一书记载：中国古代将铜和铁一起入炉加热，经锻打制造刀、斧；

将黄泥或筛细的壁土撒在接口上，分段锻焊大型船锚。中世纪，在叙利亚大马士革也曾用锻焊工艺制造兵器。

古代焊接技术长期停留在铸焊、锻焊和钎焊的水平上，使用的热源都是炉火，温度低、能量不集中，无法用于大截面、长焊缝工件的焊接，只能用于制作装饰品、简单的工具和武器。

19 世纪初，英国的戴维斯发现了电弧和氧乙炔焰两种能局部熔化金属的高温热源；1885—1887 年，俄国的别纳尔多斯发明了碳极电弧焊钳；1900 年又出现了铝热焊。

20 世纪初，碳极电弧焊和气焊得到了应用，同时还出现了薄药皮焊条电弧焊，其电弧比较稳定，焊接熔池受到熔渣保护，焊接质量得到了提高，使焊条电弧焊进入了实用阶段，电弧焊从 20 世纪 20 年代起成为一种重要的焊接方法。

在此期间，美国的诺布尔利用电弧电压控制焊条送给速度，制成自动电弧焊机，从而成为焊接机械化、自动化的开端。1930 年，美国的罗宾诺夫发明了使用焊丝和焊剂的埋弧焊，使焊接机械化得到进一步发展。20 世纪 40 年代，为适应铝、镁合金和合金钢焊接的需要，钨极和熔化极惰性气体保护焊相继问世。

1951 年，前苏联的巴顿电焊研究所发明了电渣焊，成为大厚度工件的高效焊接方法。1953 年，前苏联的柳巴夫斯基等人发明了二氧化碳气体保护焊，促进了气体保护焊的应用和发展，如出现了混合气体保护焊、药芯焊丝气渣联合保护焊和自保护电弧焊等。

1957 年，美国的盖奇发明等离子弧焊；20 世纪 40 年代德国和法国发明的电子束焊也在 20 世纪 50 年代得到了实用和进一步发展；20 世纪 60 年代又出现了电子束焊和激光焊等方法，标志着高能量密度熔焊技术的新发展，大大改善了材料的焊接性，使许多难以用其他方法焊接的材料和结构得以焊接。

其他焊接技术还有 1887 年美国汤普森发明的电阻焊，以及用于薄板的点焊和缝焊；压焊中最早出现的半机械化焊接方法——缝焊，随着缝焊过程的进行，工件被两个滚轮推送前进；20 世纪 20 年代开始使用的闪光对焊，这种焊接方法被用于焊接棒材和链条。至此，电阻焊进入实用阶段。1956 年，美国的琼斯发明超声波焊；前苏联的丘季科夫发明摩擦焊；1959 年，美国斯坦福研究所研究成功爆炸焊；20 世纪 50 年代末，前苏联又制成了真空扩散焊设备。

四、本书的主要内容

根据中等职业学校的培养目标和课程教学大纲的要求，本书安排了以下内容。

（1）金属学基础　本单元内容主要包括金属的物理性能与化学性能、金属的晶体结构与结晶、金属的塑性变形。

（2）焊接电弧　本单元内容主要包括焊接电弧的物理基础、焊接电弧的性质。

（3）焊接冶金基础　本单元内容主要有焊接热过程，焊缝金属的构成，焊接化学冶金过程的特点，熔渣的成分、作用及分类，有害元素对焊缝金属的作用及其控制，焊缝金属的合金化。

（4）焊接接头的组织与性能　本单元内容主要包括熔池凝固、焊缝组织与性能、焊接热影响区。

（5）焊接缺陷的产生与防止　本单元内容主要包括焊接缺陷的基本知识、气孔与夹杂产生的原因及防止措施、结晶裂纹、冷裂纹的产生与防控、其他焊接裂纹。

（6）焊接材料　本单元内容主要包括焊条、焊丝、焊剂和气焊熔剂。

五、本书的教学目标及学习方法

本书的教学任务是使学生掌握熔焊的基本知识和基本技能，为今后从事焊接工作或焊接技术相关工作奠定良好的理论基础。

1. 本书的教学目标

1）了解金属的晶体结构和结晶，掌握金属的基本性能。

2）了解熔焊过程的基本规律及冶金特点。

3）理解焊缝在其形成过程中成分、组织的变化规律。

4）理解焊接热影响区金属组织和性能的变化规律。

5）掌握焊接材料的特点、选用原则及焊条性能的测定方法，能借助工具书正确选择和使用常用的焊接材料。

6）了解熔焊过程中常见缺陷产生的原因及控制方法，初步具备根据实际生产条件判断焊接缺陷的性质并提出防止措施的能力。

2. 对学习本课程的建议

焊接是一门实践性很强的专业，掌握熔焊的理论知识是建立工艺能力的基础，而工艺能力也只是解决焊接工程实际问题的综合能力的一部分。因此，学习本课程时，一方面应与其他课程和其他教学环节（如实习、课程设计等）相配合，注意理论知识与实践知识的联系，培养分析和解决实际问题的能力；另一方面，还要进行综合活动性课程的学习，通过在实际生产条件下制订实际焊接结构的完整生产工艺，来获得解决焊接工程问题的科学思路，建立并提高解决焊接工程实际问题的综合能力和系统经验。

【思考与练习】

一、填空题

1. 焊接是通过____________或____________，或者两者并用，并且用或不用________，使焊件间达到__________的一种加工方法。

2. 按照加热的程度以及是否加压，可将焊接划分为________、__________与________三大类。

3. 焊接过程中，将焊件接头加热至______状态，________压力完成焊接的方法称为熔焊。常用的熔焊方法有________、________、________等。

4. 焊接过程中，必须对焊件施加________（加热或不加热），以完成焊接的方法称为压焊。常用的压焊方法有__________、__________、____________、________等。

二、简答题

1. 与其他连接方法相比，熔焊有什么优点？
2. 简述熔焊在现代工业制造中的应用。

第一单元 金属学基础

【情景导入】

1986 年 1 月 28 日，美国“挑战者”号（图 1-1）航天飞机在执行第 10 次太空任务时，于发射升空 73s 后爆炸，机上 7 名宇航员全部遇难。根据调查，爆炸是由一个 O 形环失效所致。可见，材料的选用非常重要。

图 1-1　“挑战者”号

人类文明的发展和社会的进步与金属材料的关系十分密切。继石器时代之后出现的铜器时代、铁器时代，均以金属材料的应用为其时代的显著标志。在现代，种类繁多的金属材料已成为人类社会发展的重要物质基础。

材料所显示的不同寻常的性质与功能，归根结底是由材料的显微结构决定的，包括原子的排列规律、缺陷状态、表界面结构等。本单元将介绍材料的结构及其与材料性能关系的基础知识。

【学习目标】

通过本单元的学习，了解有关金属的物理性能和化学性能；理解金属的晶体结构、纯金属的结晶及金属的同素异构转变；掌握金属塑性变形后组织和性能的变化，明确金属冷、热变形加工的区别。

第一节　金属的物理性能与化学性能

金属的物理性能表示的是金属固有的一些属性，如密度、熔点、热膨胀性、磁性、导电性与导热性等。金属的化学性能是指金属在室温或高温下抵抗各种化学介质作用所表现出来的性能，包括耐蚀性、抗氧化性和化学稳定性等。

一、金属的物理性能

1. 密度

在一定的温度下，单位体积材料的质量称为材料的密度。对于运动构件，材料的密度越小，消耗的能量越少，效率越高。元素周期表中原子序数越小的元素，其密度越小。一般将密度小于或等于4.5g/cm^3 的金属称为轻金属，密度大于4.5g/cm^3 的金属称为重金属。

2. 熔点

熔点是指材料的熔化温度。金属都有固定的熔点，常用金属的熔点见表1-1。一般来说，材料的熔点越高，其在高温下保持强度的能力越强。在设计高温条件下工作的构件时，需要考虑材料的熔点。熔点较高的金属称为难熔金属（如钨、钼和钒等），可以用它们制造耐高温零件，在燃气轮机、航空航天等领域有广泛的应用。熔点低的金属称为易熔金属（如锡和铅等），易熔金属可用来制造熔丝和防火安全阀等零件。

表1-1　常用金属的物理性能

金属名称	符号	密度(20℃)/(g/cm^3)	熔点/℃	热导率 λ /[W/(m·K)]	线胀系数 α (0~100℃) /(10^{-6}/℃)	电阻率 ρ(0℃)/[(Ω·m)×10^{-8}]
银	Ag	10.49	960.8	418.6	19.7	1.5
铝	Al	2.70	660.1	221.9	23.6	2.66
铜	Cu	8.96	1083	393.5	17.0	1.67(20℃)
铬	Cr	7.19	1903	67	6.2	12.9
铁	Fe	7.84	1538	75.4	11.76	9.7
镁	Mg	1.74	650	153.7	24.3	4.47
锰	Mn	7.43	1244	4.98(-192℃)	37	185(20℃)
镍	Ni	8.90	1453	92.1	13.4	6.84
钛	Ti	4.51	1677	15.1	8.2	42.1~47.8
锡	Sn	7.30	231.9	62.8	2.3	11.5
钨	W	19.30	3380	166.2	4.6(20℃)	5.1
铅	Pb	11.34	327.5	34.8	29.2	20.68

3. 热膨胀性

大部分固体材料在加热时都会膨胀，材料的膨胀性通常用线胀系数表示。它是指材料在加热时，单位长度的材料在温度升高1℃时的伸长量。特别精密的仪器要考虑选择线胀系数低的材料，或者在恒温条件下使用。在材料的加工过程中，更要考虑材料的热膨胀现象。如果表面和内部热膨胀不一致，就会产生内应力，当内应力超过材料的屈服强度时，材料就会发生塑性变形，当内应力超过了材料的抗拉强度时，材料就会发生破坏。

4. 磁性

金属在磁场中被磁化而呈现磁性强弱的性能称为磁性。根据在磁场中受到磁化程度的不同，金属材料分为铁磁性材料、顺磁性材料和抗磁性材料。

（1）铁磁性材料　在外加磁场中，能强烈被磁化的金属材料称为铁磁性材料，如铁、钴和镍等。

（2）顺磁性材料　在外加磁场中，呈现十分微弱的磁性的金属材料称为顺磁性材料，如锰、铬和钼等。

（3）抗磁性材料　能够抵抗或减弱外加磁场磁化作用的金属材料称为抗磁性材料，如铜、金、银、铅和锌等。

在铁磁性材料中，铁及其合金（包括钢和铸铁）具有明显的磁性。镍和钴也具有磁性，但远不如铁。铁磁性材料可用于制造变压器、电动机和测量仪表等。抗磁性材料则可用作要求避免电磁场干扰的零件和结构件等。非金属材料一般无磁性。

❖所有金属都有磁性、都能被磁铁所吸引吗？

5. 导热性

材料的导热性是指材料传导热量的性能，用热导率 λ 表示。材料的热导率越大，说明其导热性越好。一般来说，金属材料越纯，其导热能力越强，金属的导热能力以银为最好，铜、铝次之。常用金属的热导率见表 1-1。金属材料与合金的热导率远高于非金属材料。导热性是金属材料的重要性能之一。导热性好的材料，其散热性也好，可用来制造热交换器等传热设备的零部件。在制订各类热加工工艺时，也必须考虑材料的导热性，以防止材料在加热或冷却过程中，由于表面和内部产生温差，因膨胀不同而形成过大的内应力，引起材料变形或开裂。

❖在寒冷的冬天，用手去摸铁和木头，感觉一样吗？

6. 导电性

材料的导电性是指材料传导电流的性能，一般用电阻率 ρ 表示。通常金属的电阻率随温度的升高而增加，而非金属材料则与此相反。金属一般具有良好的导电性，银的导电性最好，铜、铝次之。导电性与导热性一样，是随合金成分的复杂化而降低的，因而纯金属的导电性总比合金好。常用金属的电阻率见表 1-1。高分子材料一般都是绝缘体，但有的高分子复合材料也有良好的导电性。陶瓷材料虽然也是良好的绝缘体，但某些特殊成分的陶瓷材料却是有一定导电性的半导体。

二、金属的化学性能

1. 耐蚀性

金属在常温下抵抗氧、水及其他化学介质腐蚀破坏作用的能力称为耐蚀性。金属的耐蚀性是金属一个重要的性能指标，尤其是对在腐蚀介质（如酸、碱、盐和有毒气体等）中工作的零件，其腐蚀现象比在空气中更为严重。在选择材料制造这些零件时，应特别注意金属的耐蚀性，要选用耐蚀性良好的金属或合金。

2. 抗氧化性

金属在加热时抵抗氧化作用的能力称为抗氧化性。随温度升高，金属的抗氧化性降低。例如，钢材在铸造、锻造、焊接和热处理等热加工作业时，氧化比较严重。金属氧化不仅会造成金属材料的过量损耗，也是形成各种缺陷的主要原因。采用真空加热的热处理工艺，可以减少或避免金属材料发生氧化。

3. 化学稳定性

化学稳定性是金属的耐蚀性与抗氧化性的总称。金属在高温下的化学稳定性称为热稳定性。在高温下工作的设备（如锅炉、加热设备、汽轮机和喷气发动机等）部件，需要选择热稳定性好的耐热钢等材料制造。

第二节　金属的晶体结构与结晶

金属材料的性能与其内部组织结构有密切的关系，是其内部组织结构的外在表现，要掌握金属材料的性能变化，必须了解金属的内部组织结构及形成过程。

一、金属的晶体结构

1. 晶体结构的基础概念

晶体是指其组成微粒（原子、分子或离子）在空间有规律排列的固态物质。固态金属一般为晶体，其原子结构如图 1-2a 所示。

为了描述原子在空间中的排列规则，常用假想的线条把各个原子的中心连接起来，可以得到一个空间格子，称为晶格，如图 1-2b 所示。从晶格中选取一个能够代表晶格特征的最小几何单元，称之为晶胞，图 1-2c 所示为一个简单立方晶格的晶胞示意图。晶胞在空间的重复排列构成整个晶格。晶胞的特征可以反映出晶格和晶体的特征。在晶体学中，用来描述晶胞大小与形状的几何参数称为晶格常数，包括晶胞的三个棱边 a、b、c 和三个棱边夹角 α、β、γ。

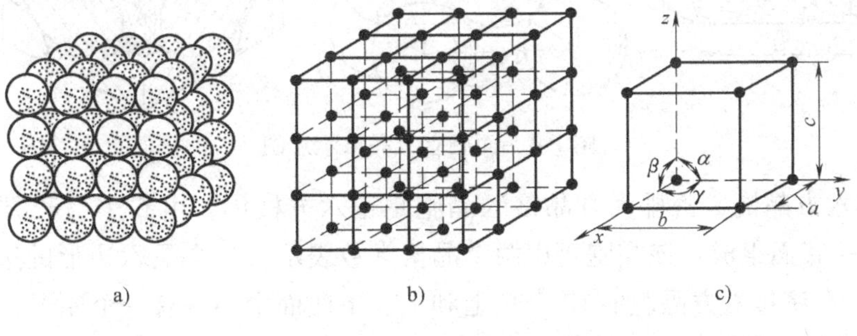

a)　　b)　　c)

图 1-2　金属晶体结构示意图

a）圆球模型　b）晶格　c）晶胞

2. 金属的典型晶体结构

由于金属原子之间具有很强的结合力，所以金属晶体中的原子在三维空间的排列是紧密的，因此，大多数金属的晶体结构很简单。金属典型的晶体结构有三种：体心立方晶格、面心立方晶格和密排六方晶格。

（1）体心立方晶格　体心立方晶格的晶胞是一个立方体，其晶格常数 $a=b=c$，三个棱边夹角均为90°，在立方体的8个顶角上各有一个原子，此外，在体心处还有一个原子，如图1-3所示。具有这种晶体结构的金属有铬（Cr）、钨（W）、钼（Mo）、钒（V）和α-Fe等。

由于晶格是由晶胞反复堆垛而成的，顶角上的原子由8个晶胞共有，而体心处的原子由该晶胞独有，所以一个晶胞的原子数为 $\frac{1}{8}\times 8+1=2$ 个。

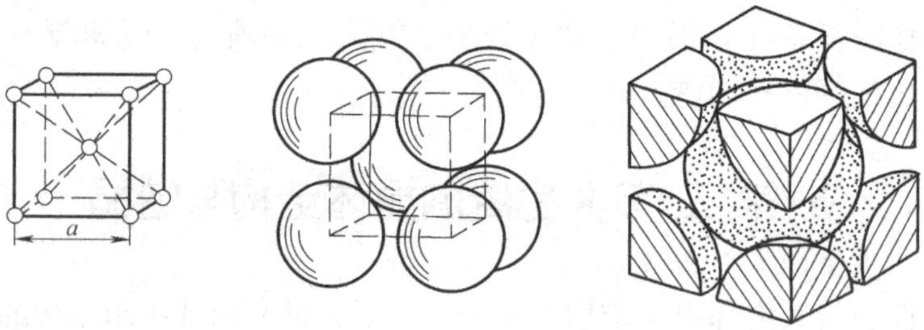

图1-3　体心立方晶格示意图

（2）面心立方结构　面心立方晶格的晶胞也是立方体，其晶格常数 $a=b=c$，三个棱边夹角均为90°，在立方体的8个顶角和6个面的面心各有一个原子，如图1-4所示。具有这种结构的金属有铝（Al）、铜（Cu）、镍（Ni）、金（Au）、银（Ag）和γ-Fe等。

顶角上的每个原子由8个晶胞共有，而面心上的每个原子由2个晶胞共享，因此，面心立方结构晶胞的原子数为 $8\times\frac{1}{8}+6\times\frac{1}{2}=4$ 个。

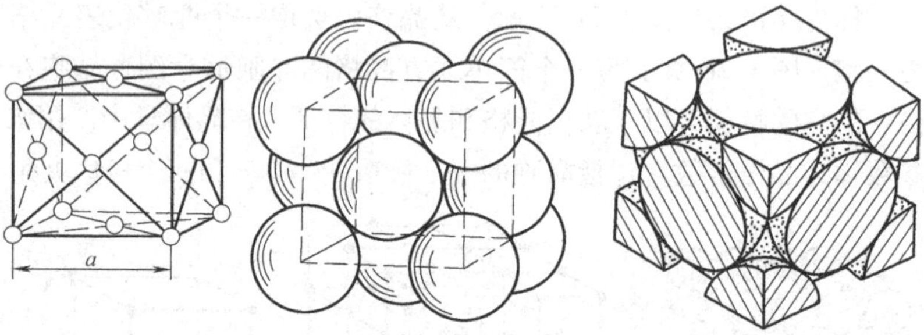

图1-4　面心立方晶格示意图

（3）密排六方晶格　密排六方晶格的晶胞是正六方柱体，由6个呈长方形的侧面和2个呈正六边形的底面组成。该晶胞要用两个晶格常数表示，一个是六边形的边长 a，另一个是柱体高度 c。在密排六方晶胞的12个角上和上、下底面中心各有一个原子，晶胞中间还有3个原子，如图1-5所示。具有密排六方晶格的金属有镁（Mg）、锌（Zn）、镉（Cd）和铍（Be）等。

顶角上的原子由6个晶胞共享，上、下底面的原子由2个晶胞共有，晶胞内的3个原子由该晶胞独有。因此，晶胞中的原子数为 $12\times\frac{1}{6}+2\times\frac{1}{2}+3=6$ 个。

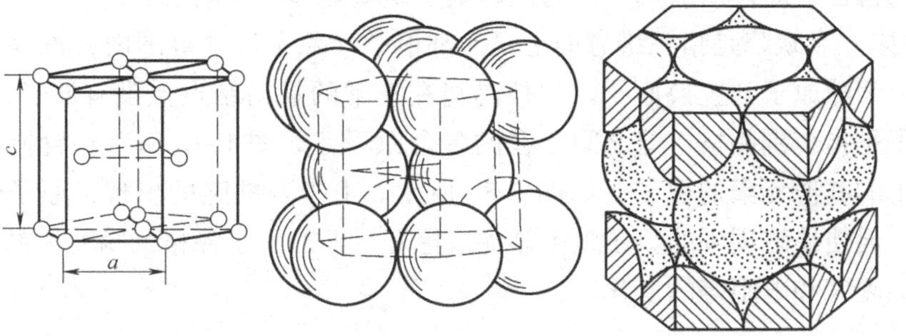

图 1-5　密排六方晶格示意图

3. 金属的实际晶体结构

（1）多晶体　实际应用的金属材料一般是多晶体材料。所谓多晶体材料，是指整块金属材料包含许多小晶体，每个小晶体内晶格的位向是一致的，但各个小晶体之间彼此方位却不同。这种由许多小晶体组成的晶体结构称为多晶体结构，如图 1-6 所示。多晶体中每个外形不规则的小晶体称为晶粒，晶粒与晶粒间的界面就是晶界。由于晶界是两相邻晶粒之间不同晶格位向的过渡层，所以晶界上的原子排列总是不规则的。

多晶体结构没有像单晶体那样的各向异性，这是因为测试其不同方向的性能时，都是千千万万个位向不同的晶粒的平均性能，故实际金属就表现出各向同性。由于这种现象类似于非晶体的各向同性，故称为“伪各向同性”。

在多晶体结构中，一般晶粒尺寸很小，如钢铁材料的晶粒尺寸一般为 $10^{-3} \sim 10^{-1}$mm，必须通过显微镜放大几十倍甚至几百倍以上才能观察到。在显微镜下所观察到的金属材料晶粒的显微形态，即晶粒的形状、大小、数量和分布情况等，称为显微组织或金相组织。图 1-7所示为纯铁的显微组织。

实验和理论都证实，金属的晶粒越细，金属材料在室温下的强度和硬度就越高，塑性和韧性也越好。

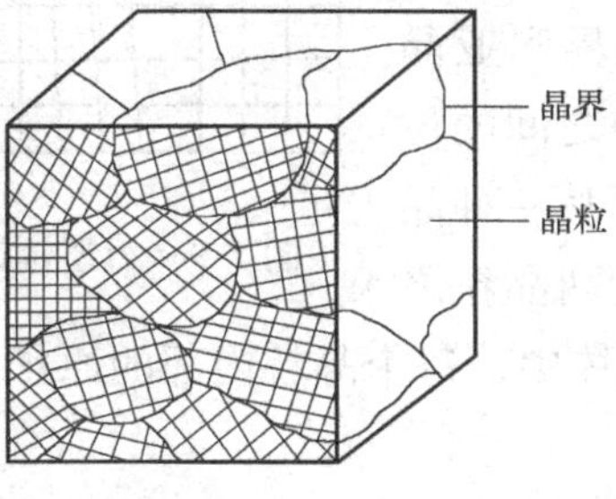

图 1-6　金属的多晶体结构示意图

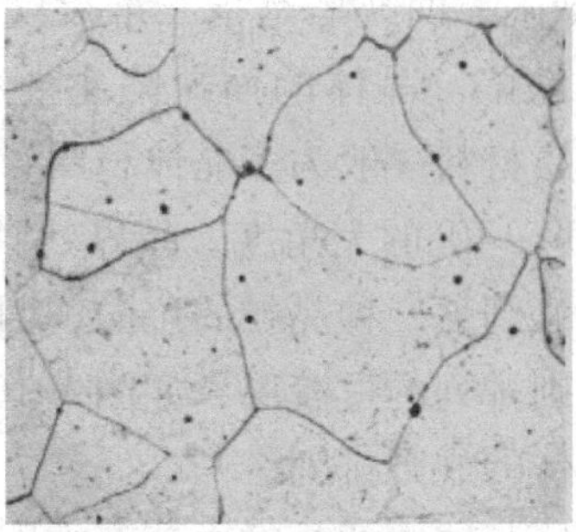

图 1-7　纯铁的显微组织

（2）晶体的缺陷　在实际应用的金属材料中，总是不可避免地存在着一些原子偏离规则排列的不完整性区域，这种现象称为晶体缺陷。在金属中，大部分原子的排列是规则的，晶体缺陷只占很小一部分，但是这一小部分晶体缺陷却对金属材料的性能有重大影响。

按照几何特性，晶体的缺陷可分为点缺陷、线缺陷和面缺陷三类。

1）点缺陷。点缺陷是指三维方向上尺寸都很小（原子尺寸范围内）的缺陷。常见的点缺陷有空位、间隙原子与置换原子。空位是指在正常的晶格结点上没有原子，如图 1-8a 所示；间隙原子是指个别晶格空隙之间存在的多余原子，如图 1-8b 所示；置换原子是指取代晶格结点原子的其他元素的原子，如图 1-8c 所示。由于点缺陷的出现，原子间作用力的平衡被破坏了，促使缺陷周围的原子发生靠拢或撑开，即产生了晶格的畸变。晶格的畸变会引起金属强度、硬度和电阻等的变化。

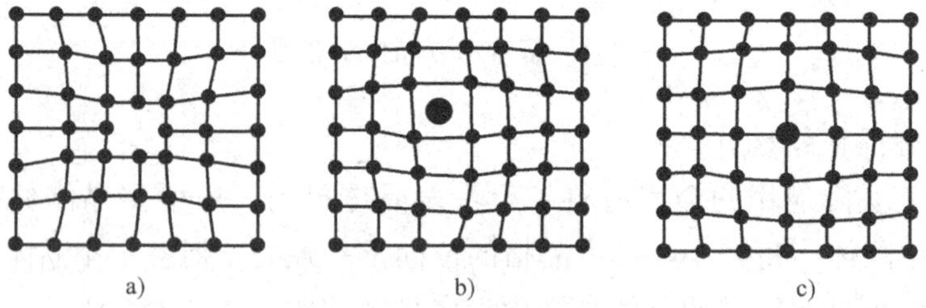

图 1-8　点缺陷

a）空位　b）间隙原子　c）置换原子

2）线缺陷。线缺陷是指二维尺度很小而三维尺度很大的缺陷，也称为位错。位错分为两类，即刃型位错和螺型位错。刃型位错是比较简单的一种位错形式，如图 1-9 所示。这种缺陷的特点是：在晶体某一个晶面的上、下两部分的原子面产生错排，就好像沿着某方位的晶面插入了一个多余原子面，但又未插到底，犹如插入刀刃一般，故称为刃型位错，而多余原子面的底边称为刃型位错线。

晶体中位错的存在，对晶体的力学性能将产生很大的影响。若金属为理想晶体或仅有极少量位错，则金属的屈服强度很高；当有一定量的位错时，其强度降低，在进行变形加工时，位错密度增加，屈服强度将提高。

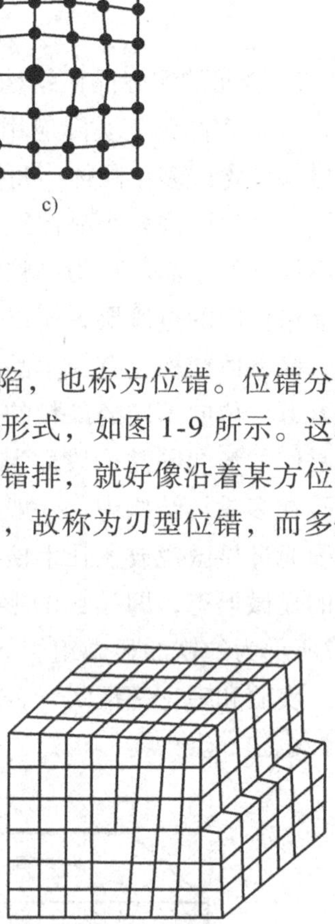

图 1-9　刃型位错示意图

3）面缺陷。面缺陷是指二维尺度很大而另一维方向上的尺寸很小的缺陷。晶体的面缺陷主要有两种，即晶界和亚晶界。实际金属材料一般为多晶体材料，其相邻两晶粒之间的位向差多为 30°～40°的大角度。晶界处原子的排列必须从一种晶粒的位向过渡到另一种晶粒的位向，因此，晶界成为两晶粒之间原子无规则排列的过渡层，如图 1-10a 所示。在晶体中，每个晶粒内部的原子排列只是大体上符合晶体的规则排列。

实际金属晶体中的晶粒内部存在图 1-10b 所示的面缺陷。许多尺寸不同的小晶块相互镶嵌成一个晶粒，它们之间的位向差很小，只有几分或几秒，一般小于 2°。在这些小晶块的内部，原子排列的位向是一致的，这些小晶块称为亚晶粒（或亚结构、镶嵌块），相邻亚晶粒之间的界面称为亚晶界。

晶界有许多不同于晶粒内部的特性，如常温下晶界越多，则晶粒越细，金属材料的强度

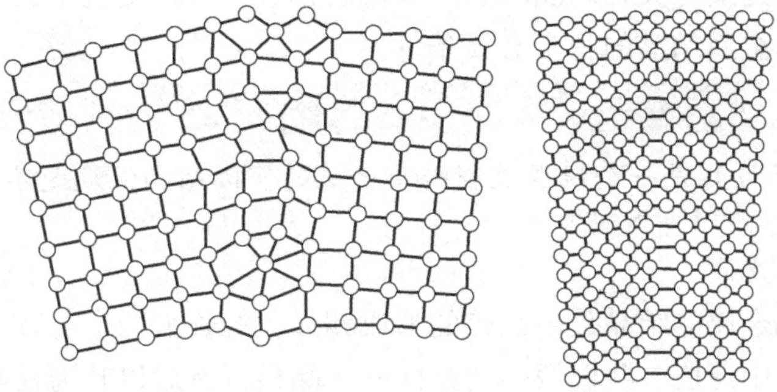

a)　　b)

图 1-10　面缺陷

a）晶界　b）亚晶界

和硬度越高，但在高温下则相反；又如晶界的熔点低，晶界容易被腐蚀等。亚晶界对金属性能的影响与晶界相似，如亚晶界越多，则亚晶越细，金属的屈服强度越高。

综上所述，实际使用的金属一般不是单晶体，而是多晶体材料，且存在许多晶体缺陷。其缺陷类型、形式及其对材料性能的影响见表 1-2。

表 1-2　实际金属晶体的缺陷类型、形式及其对材料性能的影响

晶体缺陷的类型	主要形式	对材料性能的影响
点缺陷	空位、间隙原子、置换原子	金属扩散的主要方式
线缺陷	刃型位错、螺型位错	加工硬化、固溶强化、弥散强化
面缺陷	晶界、亚晶界	易腐蚀、易扩散、熔点低、强度高、细晶强化

二、金属的结晶

金属自液态经冷却转变为固态的过程称为金属的结晶。了解金属的结晶过程和规律，对于改善金属材料的组织和性能具有重要的意义。下面以纯金属为例进行介绍。

1. 纯金属的结晶

纯金属由液态向固态的冷却过程，可用冷却过程中所测得的温度与时间的关系曲线，即冷却转变曲线来表示。这种方法称为热分析法，所测得的结晶温度称为理论结晶温度 T_m。金属在结晶时，由于释放大量的结晶潜热，补偿了热量的散失，故结晶在一个恒定的温度下进行。

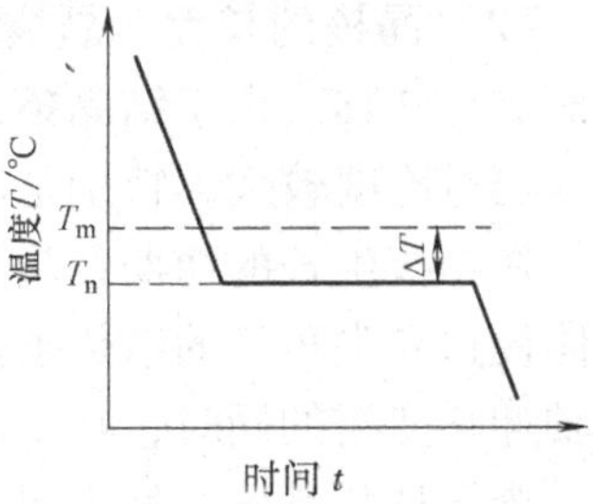

图 1-11　纯金属的冷却

在生产中，金属结晶时有较快的冷却速度，金属的实际结晶温度 T_n 总是低于其理论结晶温度 T_m，如图 1-11 所示。金属的实际结晶温度低于理论结果温度的现象称为过冷现象。理论结晶温度与实际结晶温度的差值叫作过冷度，用 ΔT 表示，$\Delta T = T_m - T_n$。

实际上，金属总是在过冷的情况下进行结晶的，但同一种金属结晶时的过冷度不是一个恒定值，而是与冷却速度有关，结晶时的冷却速度越快，过冷度就越大，金属的实际结晶温度也就越低。过冷是金属结晶的一个必要条件。

❖纯金属的结晶过程是一个恒温过程吗？金属的实际结晶温度是不变的吗？

2. 金属的结晶过程

实验表明，液态金属的结晶是由晶核的形成和晶核的长大两个过程来实现的。液态金属结晶时，首先在液体中形成一些极微小的晶体——晶核，然后以其为核心不断长大。这些晶体长大的同时，在液态金属的其他部位又出现新的晶核并逐渐长大，直至液态金属全部消失。纯金属的结晶过程如图 1-12 所示。

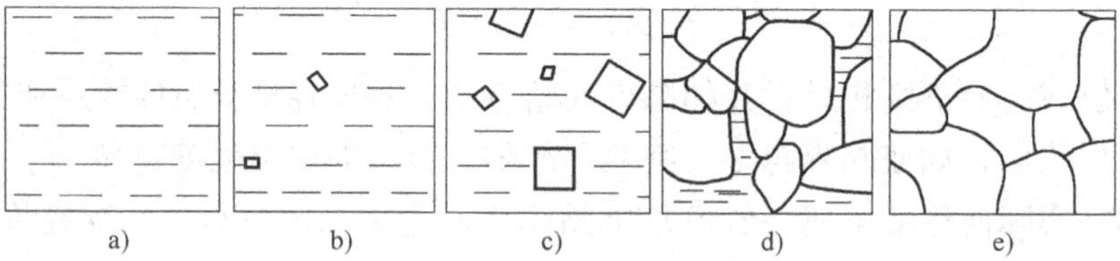

图 1-12　纯金属的结晶过程

（1）晶核的形成　研究表明，液态金属的结晶过程中存在自发形核和非自发形核两种形核方式。

1）自发形核。液态金属中存在大量尺寸不同的“近程有序”原子集团，在结晶温度以上，这些“近程有序”原子集团是不稳定的。但是，当温度降低到结晶温度以下时，“近程有序”原子集团就变得比较稳定而不再消失，成为结晶的核心。这种从液体内部自发形成的结晶核心叫作自发晶核，其形核过程称为自发形核，也称为均质形核。

2）非自发形核。液态金属依附在一些未熔微粒表面所形成的晶核称为非自发晶核。这些未熔微粒可能是液态金属中原来就存在的一些难熔杂质，也可能是人为加入的物质。当这些未熔微粒的晶体结构和晶格常数与金属的晶体结构相近时，就容易成为非自发核心的基底进而形成晶核，易于起到非自发形核的作用。

虽然在液态金属中，自发形核和非自发形核是同时存在的，但在实际的金属结晶过程中，非自发形核比自发形核更重要，往往起优先和主导的作用。

（2）晶核的长大　晶核形成以后便开始长大。晶核长大的实质是原子由液体向固体的表面进行转移。由于结晶条件的不同，晶体主要以树枝状生长方式长大。

当过冷度较大，特别是液态金属内存在非自发晶核时，金属晶体往往以树枝状的形式长大。在晶核生长的初期，晶粒保持晶体规则的几何外形。但在晶体继续生长的过程中，由于晶体棱边和尖角处的散热条件优于其他部位，能使结晶时放出的结晶潜热迅速逸出，故此处晶轴伸长变粗的同时，在一次晶轴的棱边又生成二次晶轴、三次晶轴、四次晶轴……从而形成一个树枝状晶体，称为树枝状晶，简称枝晶。在金属结晶过程中，由于晶核是按树枝状的骨架方式长大的，当其发展到与相邻的树枝状骨架相遇时，就停止扩展，但是此时的骨架仍处于液体中，故骨架内将不断长出更高次的晶轴；同时，先生长的晶轴也在逐渐加粗，使剩余的液体越来越少，直至晶轴之间的液体结晶完毕，各次晶轴互相接触形成一个充实的晶粒。实际金属的结晶多为树枝晶结构。在结晶过程中，如果液体的供应不充分，金属最后凝固的树枝晶之间的间隙将不会被填满，晶体的树枝状就很容易表露出来。

3. 晶粒大小对金属力学性能的影响

结晶后的金属是由许多晶粒组成的多晶体。金属晶粒的大小可用单位体积内晶粒的数目来表示，数目越多，晶粒越小。常用晶粒的平均直径来表示晶粒的大小。实验表明，晶粒的大小对金属的力学性能有很大影响，在常温下，晶粒越细，金属的强度就越高，其塑性和韧性就越好。表 1-3 中列出了晶粒大小对纯铁力学性能的影响。可见，细化晶粒对于提高金属材料的常温力学性能作用很大，这种用细化晶粒的方式来提高材料强度的方法称为细晶强化。细晶强化是提高材料力学性能的重要途径。

表 1-3　晶粒大小对纯铁力学性能的影响

晶粒平均直径 d/mm	抗拉强度 R_m/MPa	下屈服强度 R_{eL}/MPa	伸长率 A(%)
9.70	165	40	28.8
7.00	180	38	30.6
2.50	211	44	39.5
0.20	263	57	48.8
0.16	264	65	50.7
0.10	278	116	50.0

对于制造电动机和变压器的硅钢片来说，晶粒反而越粗越好。因为晶粒越粗，其磁滞损耗越小，效应越高。除钢铁等少数金属材料外，其他大多数金属不能通过热处理改变晶粒大小，因此，通过控制铸造和焊接时的结晶条件来控制晶粒的大小，便成为改善金属材料力学性能的重要手段。

4. 细化晶粒的方法

一般情况下，细晶粒金属比粗晶粒金属具有更高的强度、硬度、塑性和韧性。从金属的结晶过程可知，要使晶粒细小，关键是要增加金属液体中的晶核数量。生产中常采用以下方法细化晶粒：增加过冷度、变质处理和附加振动或搅拌。

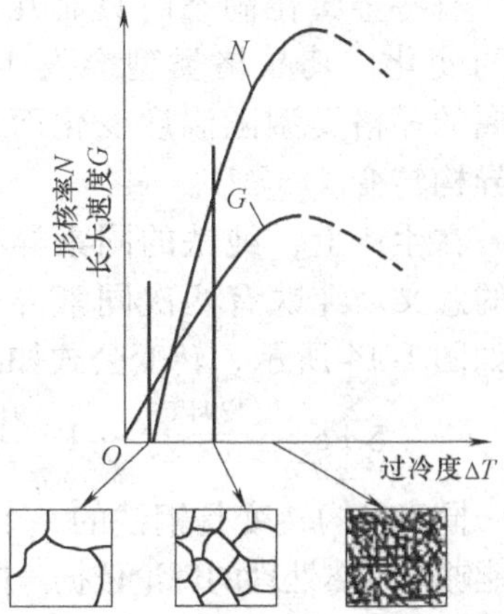

图 1-13　形核率 N、长大速度 G 和过冷度 ΔT 之间的关系

（1）增加过冷度　增加过冷度能使晶核形成速度大于其长大速度，从而使晶核数量相对增多。液态金属结晶的形核率 N、长大速度 G 与过冷度 ΔT 之间的关系如图 1-13 所示。金属结晶时，如图中实线部分所示，形核率 N 和长大速度 G 都随过冷度 ΔT 的增加而增加，但 N 的增长率大于 G 的增长率。因此，增加过冷度会使晶粒数增多，晶粒变细。当过冷度较小时，形核率 N 的增长率低于长大速度 G 的增长率，结果便得到了比较粗大的晶粒。增加过冷度，就是要提高金属凝固的冷却速度，但是当过冷度增大到图中虚线部分时，金属液的温度过低，极大地降低了原子扩散能力，反而使形核率 N 和生长速度 G 均下降。

实际生产中，通常是采用降低铸型温度或采用导热性能好的金属铸型来提高冷却速度，增加过冷度。

（2）变质处理　当金属的体积比较大时，难以获得较大的过冷度，而且对于形状复杂的铸件，冷却速度也不能过快。生产中为了得到细晶粒的铸件，常采用变质处理。变质处理就是为了细化晶粒，在液态金属结晶前加入能非自发形核的变质剂。变质剂在液体金属结晶时能够增加晶核的数量或者阻碍晶核长大。例如，在铸铁溶液中加入硅-铁和硅-钙合金，在铝-硅合金溶液中加入钠盐等，都是变质处理的典型实例。

（3）附加振动或搅拌　金属结晶时，对液态金属采取机械振动、超声波振动、电磁振动或机械搅拌等措施，可以使枝晶破碎细化，而且破碎的枝晶还可起到新生晶核的作用，增大了形核率，故附加振动或搅拌也能细化晶粒。

5. 焊缝的结晶与组织

焊接熔池的结晶过程也符合液相金属凝固的一般规律，但与炼钢和铸造冶金过程相比，有其独有的特点：

1）熔池金属体积很小，周围是冷金属和气体等，故金属处于液态的时间很短，焊条电弧焊从加热到熔池冷却往往只有十几秒，故各种冶金反应进行得不充分。

2）熔池中反应温度高，往往高于炼钢炉温（200℃），使金属元素强烈地烧损和蒸发。

3）熔池的结晶是一个连续熔化和连续结晶的过程。

4）焊接熔池金属结晶时，由于熔池各部位的晶粒生长速度和熔池中的温度梯度的不一致性，在焊缝边缘，晶粒开始在熔合线附近生长，平面晶得到生长，随着远离熔化边界，结晶形态向胞状晶、胞状树枝晶、树枝晶和等轴树枝晶发展。

6. 金属的同素异构转变

有些金属在固态时具有几种晶格类型，随温度的变化，其晶格类型会发生改变。在固态下，金属的晶格类型随温度变化而发生的改变称为同素异构转变。

在生产上，纯铁的同素异构转变具有十分重要的意义。纯铁有两次同素异构转变，其转变过程如图 1-14 所示，转变公式如下：

$$\underset{\text{体心立方}}{\delta\text{-Fe}} \xrightleftharpoons{1394℃} \underset{\text{面心立方}}{\gamma\text{-Fe}} \xrightleftharpoons{912℃} \underset{\text{体心立方}}{\alpha\text{-Fe}}$$

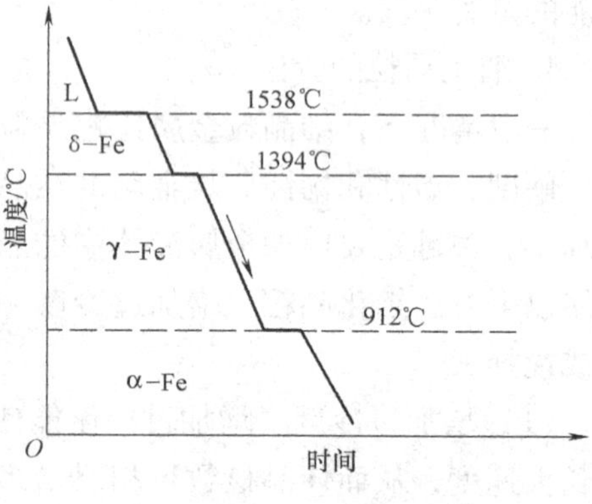

图 1-14　纯铁的同素异构转变

同素异构转变是钢铁的一个重要特性，它是钢铁能够进行热处理的理论依据。同素异构转变是通过原子的重新排列来完成的，这一过程有如下特点：

1）同素异构转变是由晶核的形成和长大过程完成的，新晶核优先在晶界处形成。

2）同素异构转变时有过冷现象，具有较大过冷度的同素异构转变过程中，有结晶潜热产生，在冷却曲线上出现水平线段，但这种转变是在固态下进行的，它与液体结晶不同。

3）同素异构转变时常伴有金属的体积变化。

正因为纯铁具有同素异构转变现象，所以在生产上可以对钢铁进行各种热处理，从而改变钢铁的内部组织和提高其性能。

纯铁的冷却曲线在770℃时又出现了一个平台（即温度保持不变），但在该温度下纯铁的晶格并没有发生变化，因此，它不是同素异构转变。实验表明，在770℃以上纯铁失去铁磁性，在770℃以下纯铁具有铁磁性，这一转变称为磁性转变。

资料卡片

770℃是铁的居里点。19世纪末，著名物理学家居里在自己的实验室里发现磁石的一个物理特性，就是当磁石加热到一定温度时，原来的磁性就会消失。后来，人们把这个温度称为“居里点”。

居里点或居里温度是指材料可以在铁磁体和顺磁体之间发生转变的温度。当温度低于居里点时，该物质成为铁磁体，此时和材料有关的磁场很难改变；当温度高于居里点时，该物质成为顺磁体，磁体的磁场很容易随周围磁场的改变而改变。

第三节　金属的塑性变形

塑性是金属的重要特性。利用金属的塑性可以将其加工成各种制品。如图1-15所示，轧制、挤压、拉拔、锻造与冲压等成形加工工艺都能使金属发生塑性变形，在车、铣、刨、钻等切削加工工艺中，金属也会发生塑性变形。

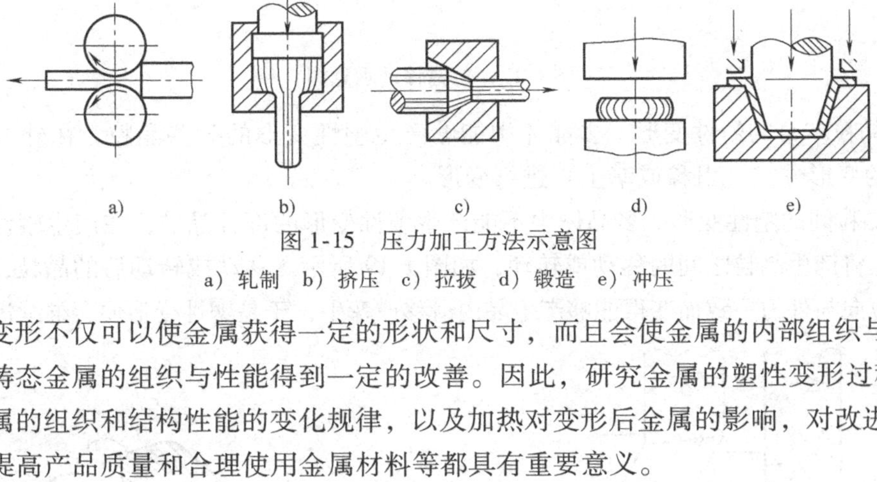

图1-15　压力加工方法示意图

a）轧制　b）挤压　c）拉拔　d）锻造　e）冲压

塑性变形不仅可以使金属获得一定的形状和尺寸，而且会使金属的内部组织与结构发生变化，使铸态金属的组织与性能得到一定的改善。因此，研究金属的塑性变形过程及机理，变形后金属的组织和结构性能的变化规律，以及加热对变形后金属的影响，对改进材料的加工工艺、提高产品质量和合理使用金属材料等都具有重要意义。

一、塑性变形的基本原理

在一般情况下，实际金属都是多晶体，而多晶体的变形与其中各个晶粒的变形行为有关。为了便于研究，有必要先通过单晶体的塑性变形来掌握塑性变形的基本规律。

1. 单晶体的塑性变形

单晶体的塑性变形主要通过单晶体的滑移来实现，即在切应力作用下，晶体的一部分相对于另一部分沿一定的晶面滑动，如图1-16所示。晶体中大量位错的移动就构成了宏观上的滑移，如图1-17所示。

孪生变形是单晶体塑性变形的另一种形式。当作用在晶体上的切应力达到一定数值时，晶体的一部分相对于另一部分发生切变，而且发生切变的部分与未发生切变部分的晶体结构呈对称形式分布，如图 1-18 所示（注意图中阴影部分）。

2. 多晶体的塑性变形

多晶体是由许多位向不同的小晶粒组成的，由于每个晶粒的塑性变形都要受到周围晶粒的制约和晶面的阻碍，故多晶体的塑性变形比单晶体的塑性变形复杂得多。

多晶体的塑性变形一般可归纳为以下两种形式。

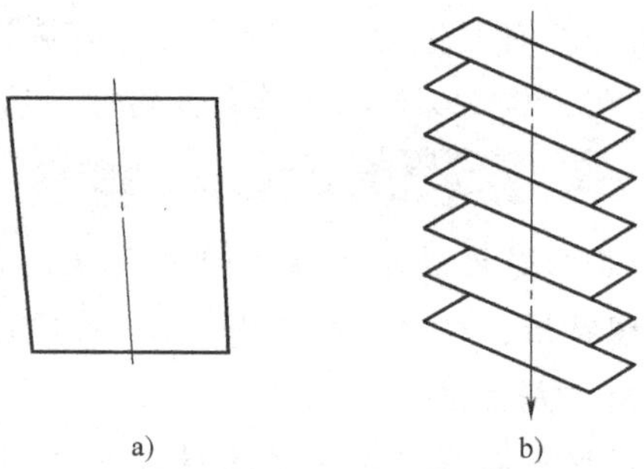

图 1-16　晶体滑移示意图
a）滑移　b）滑移变形后

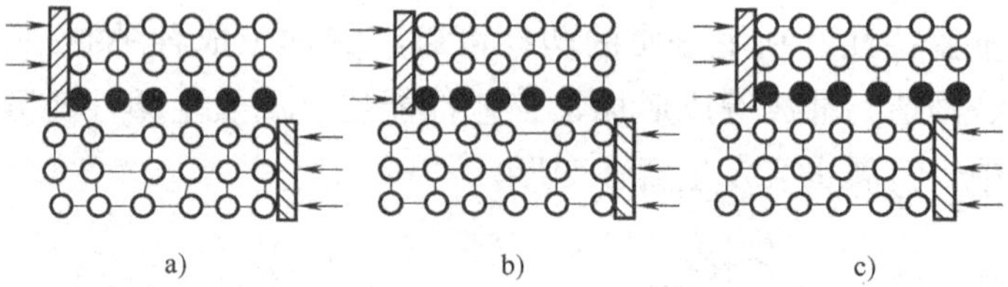

图 1-17　位错移动示意图

（1）晶粒本身的塑性变形　多晶体中能够产生塑性变形的某些晶粒，在外力作用下按照单晶体的变形方式（滑移或孪生）进行变形。

（2）晶粒间的塑性变形　多晶体中不能产生塑性变形的部分晶粒，在产生塑性变形晶粒的带动下，将产生晶粒之间的移动或转动，如图 1-19 所示。移动或转动后的晶粒，往往因其晶体排列位向与外力一致而变得能够产生晶内滑移或孪生，于是塑性变形便会继续进行下去。

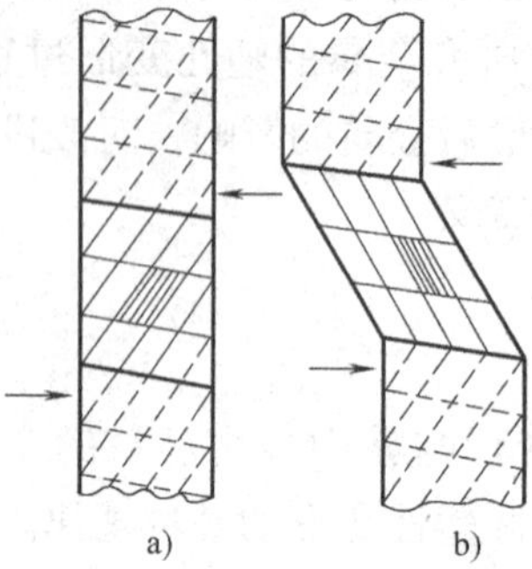

图 1-18　孪生变形示意图
a）变形前　b）变形后

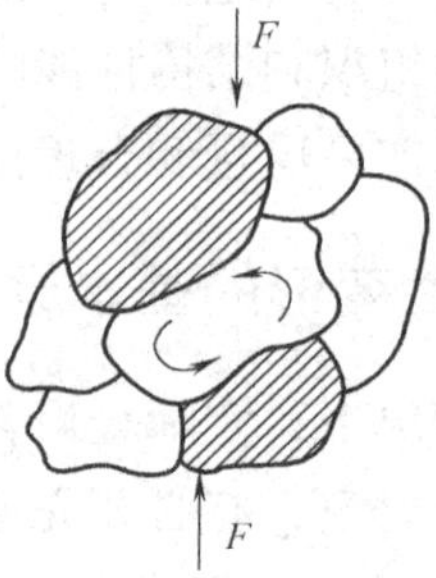

图 1-19　晶粒间转动示意图

由于细晶粒金属的强度较高、塑性较好，断裂时需要消耗较大的功，所以其韧性也较好。因此，生产中一般总是设法获得细小、均匀的晶粒，以使金属材料具有较好的综合力学性能。

二、冷塑性变形对金属组织性能的影响

1. 加工硬化（形变硬化、冷作硬化）

塑性变形对金属性能的主要影响是产生加工硬化。在塑性变形过程中，随着变形程度的增加，金属的强度和硬度增加，而塑性和韧性降低，这一现象称为加工硬化或形变强化，如图 1-20 所示。

加工硬化（形变强化）是强化金属的重要途径之一，可以利用加工硬化来强化金属，提高金属的强度、硬度和耐磨性。例如，低碳钢的冷变形量为 20% 时，其抗拉强度可由 400MPa 提高到 700MPa；当冷变形量为 50% 时，其抗拉强度可达 800MPa。

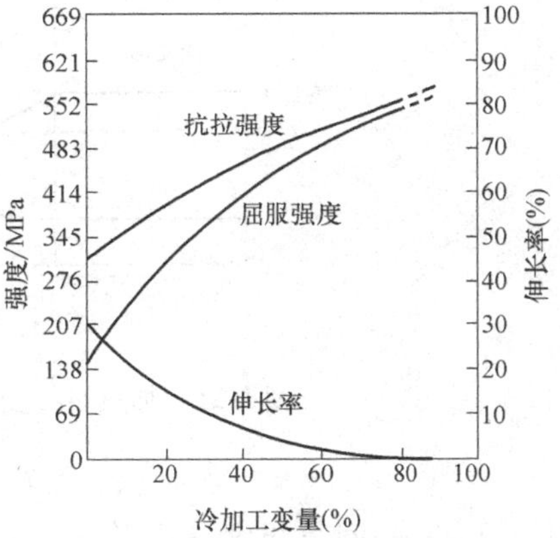

图 1-20　金属的加工硬化现象

但是，加工硬化也会给材料的生产和使用带来麻烦。因为金属冷变形到一定程度后，变形抗力增加，进一步变形就必须加大设备功率，增加动力消耗。此外，金属经加工硬化后，其塑性大为降低，继续变形就容易开裂。为了消除这种硬化现象，以便继续进行冷变形加工，中间需要进行退火（再结晶退火）处理。

2. 物理、化学性能的变化

塑性变形还会使金属的物理性能和化学性能发生明显变化，如使金属导电性和耐蚀性下降。

3. 残余内应力

残余内应力是指外力去除后，残留在金属内部的应力。产生残余内应力的主要原因是金属在外力的作用下内部变形不均匀。残余内应力是一种弹性应力，它在金属材料内部处于自平衡状态。

三、金属的回复与再结晶

金属经塑性变形后，其组织结构和性能发生了很大的变化。如果对变形后的金属进行加热，金属的组织结构和性能又会发生变化。随着加热温度的升高，变形金属将相继发生回复、再结晶和晶粒长大过程，如图 1-21 所示。

1. 回复

当加热温度不高时，金属原子的活动能力还不够大，但已能从不稳定位置恢复到稳定位置，使晶格歪扭现象消失，内应力也有所减小。此时的力学性能变化不大，强度略有下降，塑性略有回升，如图 1-21 所示，上述过程称为回复。对于纯金属，回复的温度条件为

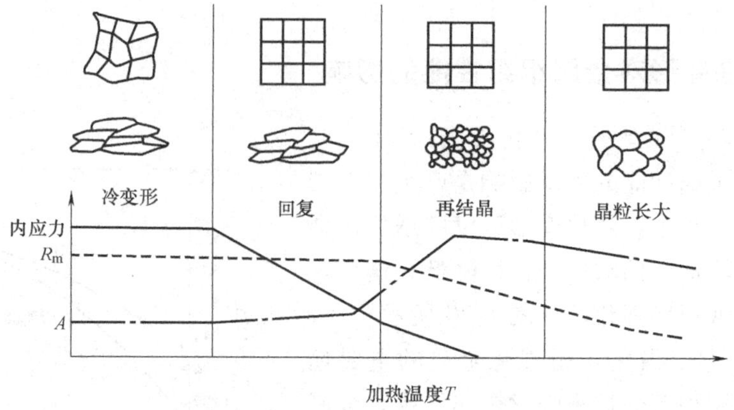

图 1-21　加热对冷变形强化金属的组织结构和力学性能的影响

$$T_{回} = (0.25 \sim 0.30) T_{熔}$$

式中　$T_{回}$——回复温度（K）；

$T_{熔}$——金属的熔点（K）。

生产中，将回复这种处理工艺称为低温退火或去应力退火。它既保留了加工硬化效果，又降低了内应力，稳定了组织。例如：弹簧钢丝冷卷后要进行一次去应力退火处理（250～300℃，0.5～1h），其目的就是使冷变形钢丝发生回复，消除因晶格而产生的内应力，以稳定弹簧的形状和尺寸；经拉延制成的黄铜弹簧需在 280℃左右进行去应力退火，以消除残余内应力，避免变形和应力腐蚀开裂。

2. 再结晶

随着加热温度的升高，原子的活动能力增强，冷变形后金属被拉长了的晶粒重新形核、结晶，变为等轴晶粒。此时金属的强度和硬度下降，而塑性刚明显提高，如图 1-21 所示，这一过程称为再结晶。再结晶温度可按下式近似计算：

纯金属　$T_{再} \approx 0.4 T_{熔}$

碳钢　$T_{再} \approx 0.45 T_{熔}$

高合金钢　$T_{再} \approx 0.6 T_{熔}$

式中　$T_{再}$——再结晶最低温度（K）；

$T_{熔}$——金属材料的熔点（K）。

3. 晶粒长大

当加热温度超过再结晶温度过多时，晶粒会明显长大，如图 1-21 所示，成为粗晶粒组织，使金属的可锻性恶化。

四、热塑性变形对金属组织性能的影响

金属材料的热塑性变形加工是于再结晶温度以上进行的变形加工，其特征是变形过程中产生的变形晶粒及加工硬化在同时进行着的再结晶过程中被消除，故金属将不显示加工硬化

效应。例如，钢在热轧时处于单相奥氏体状态，其轧制前后组织的变化如图 1-22 所示。

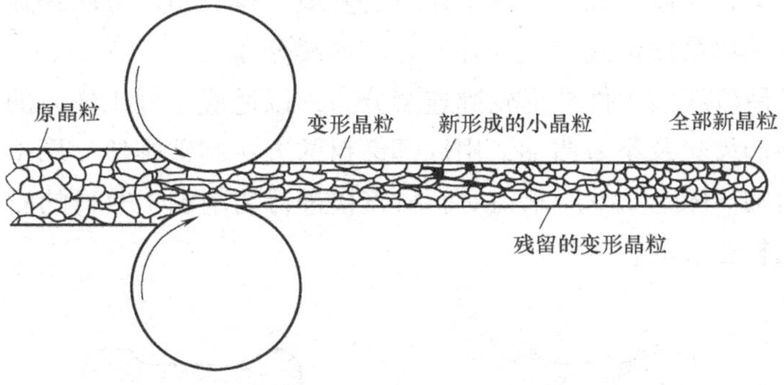

图 1-22 钢在热轧时奥氏体的变形和再结晶

热塑性变形加工不仅能改变金属坯料的形状而使其满足使用要求，而且能使金属材料的组织和性能发生一系列的显著变化。

（1）消除铸态金属的某些缺陷并提高其力学性能 通过热塑性变形加工，金属铸锭中的气孔、疏松和微裂纹能够发生焊合，粗大的柱状晶粒与枝晶变为细小、均匀的等轴晶粒。另外，热塑性变形加工还可以消除部分枝晶偏析并改善夹杂物、碳化物的形态、大小和分布，提高金属的致密度。因此，正确的热塑性变形加工可细化晶粒、提高金属的致密度和力学性能。表 1-4 所列为中碳钢（$w_C=0.3\%$）在铸态和锻态时力学性能的比较。

表 1-4 中碳钢（$w_C=0.3\%$）在铸态和锻态时力学性能的比较

状态	R_m/MPa	R_{eL}/MPa	A(%)	Z(%)	A_K/J
铸造	500	280	15	27	28
锻造	530	310	20	45	56

可见，经热塑性变形加工后，钢的强度、塑性和韧性等均较铸态时高。故工程上凡是受力复杂、承受载荷较大的工件（如齿轮、轴、刃具和模具等），大多都要通过热变形加工来制造。

（2）形成热变形纤维组织（流线） 进行热塑性变形加工时，铸态金属中的粗大枝晶偏析及各种夹杂物都要沿变形方向伸长，并逐渐形成纤维状。这些夹杂物在再结晶时不会改变其纤维状分布的特点，故对热变形加工后的金属材料进行宏观分析（即金属磨面经浸蚀后，用肉眼或放大 20 倍以下观察）时，可见到沿变形方向呈现出一条条细线，这就是热变形纤维组织，通常称为“流线”。

热变形纤维组织使金属材料的力学性能呈现各向异性，沿纤维方向（纵向）的强度、塑性与韧性明显高于垂直方向（横向）。表 1-5 所列为 $w_C=0.45\%$ 的碳钢的力学性能与纤维方向间的关系。

表 1-5 碳钢（$w_C=0.45\%$）的力学性能与纤维方向间的关系

性能 取样	R_m/MPa	R_{eL}/MPa	A(%)	Z(%)	A_K/J
横向	675	440	10	31	24
纵向	715	470	17.5	62.8	49.6

可见，采用热塑性变形加工制造工件时，应力求使工件流线分布合理，以提高工件的使用性能。一般情况下，应使流线与工件工作时所受最大拉应力的方向一致，与切应力或冲击力的方向相垂直，并尽量使流线沿工件外形轮廓连续分布。

生产中，为了使流线沿工件外形轮廓连续分布，以适应工件工作时的受力情况，广泛采用模型锻造方法制造齿轮及小型曲轴，用局部镦粗的方法制造螺栓。图 1-23a 所示为用模型锻造方法获得的曲轴。图 1-23b 所示为对轧材直接进行切削加工获得的曲轴。显然，锻造毛坯的流线分布是比较合理的。

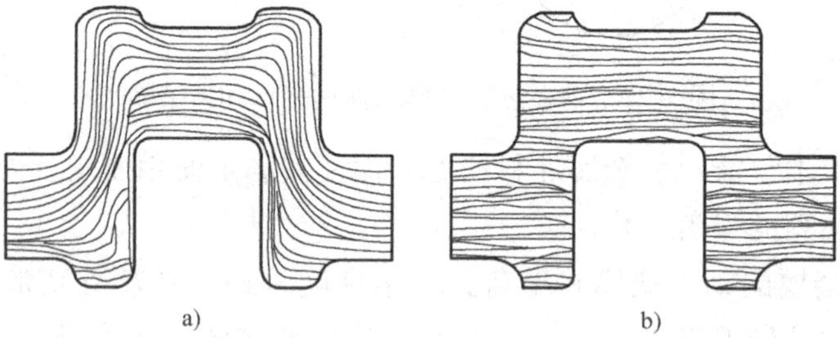

图 1-23　工件中流线分布示意图

a）模型锻造法制造的曲轴　b）对轧材进行切削加工获得的曲轴

（3）形成带状组织　亚共析钢经热变形加工后，珠光体和铁素体常沿变形方向呈带状或层状分布，称为带状组织，如图 1-24 所示。这种组织是由于铸态金属中存在的枝晶偏析或夹杂物在加工中沿变形方向被延伸拉长而出现的。当热变形加工后进行冷却时，先析铁素体往往在被拉长的杂质上优先析出，形成铁素体带，而铁素体带两侧的富碳奥氏体则随后转变为珠光体带，从而形成了带状组织。

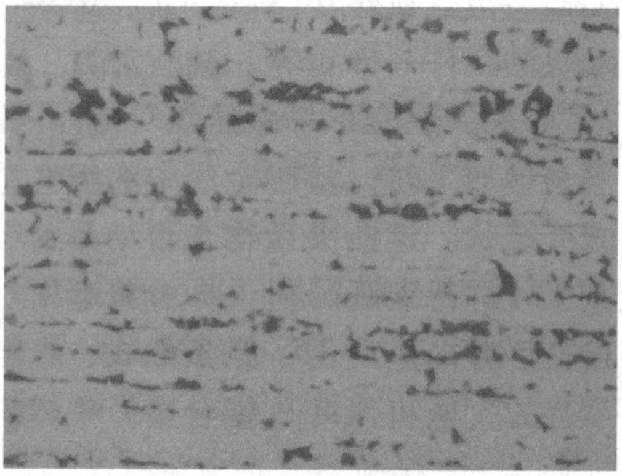

图 1-24　亚共析钢的带状组织（100×）

带状组织使钢材的力学性能呈现各向异性，特别是横向的塑性和韧性明显下降。生产中，常用均匀化退火或多重正火等方法消除带状组织。高碳钢中的碳化物往往也呈带状分布而形成带状组织，需要采用改锻的办法予以消除。

五、金属热变形加工与冷变形加工的界限

金属在高温下的强度和硬度低，而塑性和韧性高，在高温下对金属进行塑性变形加工比在较低温度下容易，故生产上有热变形加工与冷变形加工之分。

从金属学观点看，把于再结晶温度以上进行的变形加工称为热变形加工，而把于再结晶温度以下进行的变形加工称为冷变形加工。例如，铅的再结晶温度为 -33℃，则其在室温下进行的塑性变形加工应属于热变形加工；而钨的再结晶温度为 1200℃，则其在 1100℃时进

行的塑性变形属于冷变形加工。

❖钨在1100℃下进行加工，锡在室温下变形，它们各为何种加工类型？（已知钨的熔点为3410℃，锡的熔点为232℃）

【思考与练习】

一、填空题

1. 金属的物理性能表示的是金属固有的一些属性，如__________、__________、__________、__________、__________与__________等。

2. 根据材料在磁场中受到磁化程度的不同，金属材料可分为__________材料、__________材料和______________材料。

3. 铁和铜的密度较大，称为__________金属；铝的密度较小，称为__________金属。

4. 金属晶格的基本类型有______________、______________和______________三种。

5. 实际金属的晶体缺陷有______________、______________和______________三类。

6. 500℃的铁具有__________________晶格。

7. 金属结晶的必要条件是__________，即金属的实际结晶温度总是______________其理论结晶温度。

8. 金属的晶粒越细小，其强度、硬度____________，塑性、韧性____________。

9. 金属的塑性变形主要有两种方式，即____________和____________。其中，____________是金属塑性变形的主要方式。

10. 塑性变形对金属性能的主要影响是产生________________。

二、简答题

1. 什么是过冷现象和过冷度？过冷度与冷却速度有何关系？
2. 金属结晶时如何获得细小的晶粒？
3. 何为金属的同素异构转变？画出纯铁的结晶冷却曲线和晶体结构变化图。
4. 什么叫加工硬化？
5. 热变形加工对金属组织和性能有什么影响？

第二单元 焊接电弧

【情景导入】

闪电是一种常见的自然现象（图 2-1）。积雨云中积聚的大量电荷与地面之间的异性电荷相互吸引，由于空气的阻碍使得电荷不断积累，当积累的量达到一定数值时，会在云与地之间较近的地方击穿空气而形成一条狭窄且明亮的通道，电荷在通过此通道的同时释放出巨大的能量，极度的高热便使周围的空气剧烈膨胀并产生类似于爆炸的“雷声”。在地球上，平均每秒约有 100 次闪电袭击地球，人类在认识和预防闪电带来的危害的同时，也在想方设法利用它所释放出的巨大能量。但是，闪电是一种脉冲式的放电现象，时间极短，无法控制，难以收集。

图 2-1　闪电

在两电极之间的气体介质中，强烈而持久的放电现象称为电弧，电弧放电时会产生高温（温度可达 6000℃）和强光。人类认识了这种现象，并将其应用于工业生产中。电弧高热可用以进行电弧切割、碳弧气刨及电弧炼钢等；电弧的强光能用于照明（如探照灯）或用弧光灯放映电影等。电弧焊就是利用焊条与焊件之间电弧放电时产生的热量来加热、熔化焊条（焊丝）和母材，使之形成焊接接头的。本单元将介绍焊接电弧的基础知识。

【学习目标】

通过本单元的学习，了解焊接电弧的引燃及引燃过程；掌握焊接电弧的构造及静特性；掌握焊接电弧的极性运用；理解电弧稳定性的影响因素及偏吹现象。

第一节　焊接电弧的物理基础

一、焊接电弧的引燃

1. 电弧的性质及引燃条件

焊条电弧焊时，电弧在焊条端部与工件之间燃烧。电弧的实质是焊条与工件之间的气体介质产生的强烈而持久的放电现象，是气体放电的一种特殊形式。通过电弧放电，可以将电能转换成焊接所必需的而又集中的热能，并伴有强烈的弧光。例如，焊条电弧焊就是利用此热能熔化焊条与焊件来完成的。产生电弧的电极可以是金属丝、钨丝、碳棒或焊条。

气体是由中性分子或原子组成的，正常情况下不导电。要使两个电极间的气体持续放电，必须使气体介质不断产生足够的带电粒子（电子、负离子、正离子），带电粒子主要来自于气体原子的电离与阴极的电子发射。

气体的电离是使气体中的中性原子（或分子）分离成正离子、电子或负离子的过程。气体电离必须对中性原子（或分子）施加一定的能量，以克服原子核正电荷对核外电子的吸引力。使气体电离所需的最小能量叫作电离能。不同气体的电离能是不一样的。应当指出，如果没有电源输送能量所补充能量的消耗，气体放电就不能持久。电源的能量是通过电极中与负极连接的阴极发射电子来传输的。

阴极的电子发射指的是阴极内部的自由电子在一定外加能量的作用下，冲破表面的束缚而飞出的现象。电子发射所需的最小能量叫作逸出功，不同材料电极的逸出功是不同的。

综上所述，要使电极间产生电弧并稳定燃烧，就必须给阴极与气体之间加以一定的能量，使阴极产生强烈的电子发射，使气体介质发生剧烈的电离，从而使两极间充满带点粒子。在两极间的电压所形成的电场力的作用下，带电粒子向两极做定向运动，这样，气体介质中就会形成很大的电流，也就是发生了强烈的电弧放电，形成连续燃烧的电弧。电弧放电过程如图 2-2 所示。

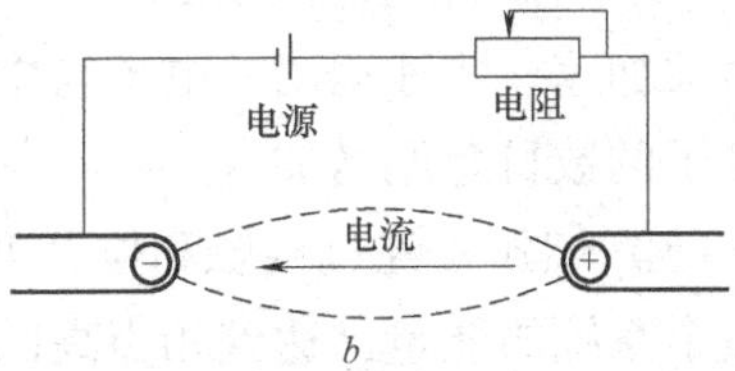

图 2-2　电弧放电过程

2. 焊接电弧的引燃过程

焊条电弧焊开始时，引燃焊接电弧的过程称为引弧。

焊接电弧从无到有的引燃过程在时间上是短暂的，其物理过程却是异常激烈和复杂的，经历着导电粒子的产生、扩散、复合，负离子的形成等一系列物质形态和性能的变化。

焊接电弧的引燃可划分为接触、拉开和燃弧三个阶段，如图 2-3 所示。

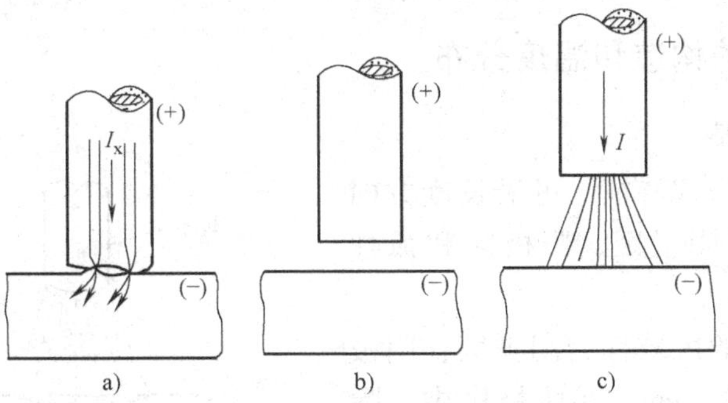

图 2-3　焊接电弧的引燃过程

（1）接触　当焊条芯（或焊丝）端部与工件表面相碰，即正、负极发生了接触（即短路）时，由于焊丝截面和工件表面都不可能是绝对平整光洁的，加上操作时也不可能使焊条与工件表面完全垂直，所以它们之间只能是个别地方的点接触，电流也就从接触点流过。在接触的一瞬间，由于接触点的面积很小，电流密度很大（短路电流为正常焊接电流的 2 ~ 2.5 倍，而接触点上的电流密度比焊芯截面上的平均电流密度大得多），同时又具有一定的接触电阻，所以此处会产生大量的电阻热。接触点处的温度骤然升高，使部分金属熔化和蒸发，焊条药皮中的易分解或沸点较低的物质（钾、钠等元素）变成蒸气，接触点附近的小空间开始具有了高温气体介质，粒子的热运动加剧，少量电离也开始发生。同时，由于阴极的小面积受电阻热的作用，自由电子获得能量，阴极表面有少量电子发射。这一很小范围内的热电离和电子发射便为即将发生的整个电弧空间的燃弧提供了一定的物质和能量条件。

（2）拉开　焊条与工件接触后迅速拉开，在刚刚拉开而电弧尚未形成的一瞬间，两极之间的导电粒子还很少，导电性微弱，可认为电流接近于零，这短暂的一瞬间可看作引弧的拉开阶段。焊接电源的空载电压通常为 60 ~ 80V，当焊条端部刚离开工件表面 10^{-6} ~ 10^{-5} mm 时，在这一极短的区间内，由空载电压建立的电场具有足够大的电场强度（数量级达 10^{9} ~ 10^{10}V/m）。在如此强的电场作用下，电极开始强烈地发射电子，电子又受到电场的作用而被加速，快速运动的电子与中性粒子碰撞又将发生电离，如此连锁式的反应使产生的带电粒子的数目急剧增加。

（3）燃弧　经过接触和拉开两个阶段的物理过程，两电极之间带电粒子的数量、密度和整个系统的能量已达到相当高的水平，处于发生突变前的临界状态。随着发射和电离过程的剧烈进行，当焊条或焊丝被提升到一定高度时，两极间的空间顷刻发生突变，发出强烈的光和热，同时还能体现出声和力的存在，这表明电弧已经被引燃，即完成了焊接电弧引燃的全过程。

这种过程不断进行，电弧便可稳定燃烧。

资料卡片

焊接电弧主要由紫外线、红外线和可见光组成，会对皮肤造成伤害，产生脱皮、灼痛现象。因此，要加强对焊接电弧辐射的防护，避免皮肤裸露部分和焊接电弧相接触。

二、焊接电弧的构造和温度分布

1. 焊接电弧的构造

焊接电弧根据其物理特征，可沿长度方向划分为三个区域，即阴极区、阳极区和弧柱区，如图 2-4 所示。

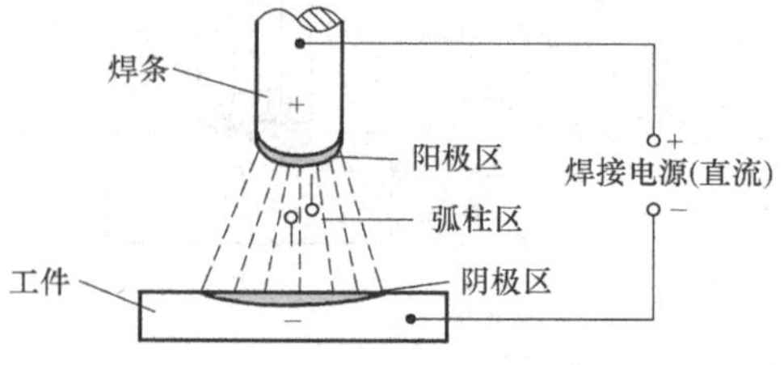

图 2-4　焊接电弧的构造

电弧紧靠负电极的区域称为阴极区，阴极区很窄，为 10^{-6} ~ 10^{-5} cm。在阴极区中，除了存在阴极发射的电子外，还有从弧柱区进入的正离子。电弧紧靠正电极的区域称为阳极区，阳极区比阴极区宽，为 $10^{-4}\sim10^{-3}$cm。从弧柱区流过来的电子撞入阳极发生复合。电弧阳极区和阴极区之间的部分称为弧柱区。由于阴极区和阳极区都很窄，因此，弧柱区的长度基本等于电弧长度。

2. 焊接电弧的热量和温度分布

焊接电弧如图 2-5 所示，引燃电弧后，弧柱区中就充满了高温电离气体，并放出大量的热能和强烈的光。电弧的热量与焊接电流和电弧电压的乘积成正比。电流越大，电弧产生的总热量就越多。一般情况下，在阴极区中，阴极表面有一个明显的光斑点，它是电弧放电时，负电极表面集中发射电子的微小区域，称为阴极斑点。阴极区的温度一般达 2130 ~ 3230℃，放出的热量占焊接总热量的 36% 左右。阴极区温度的高低主要取决于阴极的电极材料，而且阴极区的温度一般都低于阴极金属材料的沸点。此外，如果增大电极中的电流密度，则阴极区的温度也可以相应得到提高。在阳极区的阳极表面也有光亮的斑点，它是电弧放电时，正电极表面上集中接收电子的微小区域，称为阳极斑点。阳极区不发射电子，消耗的能量少，因此在和阴极材料相同时，阳极区的温度略高于阴极区，一般可达 2330 ~ 3930℃，放出的热量占总热量的 43% 左右。一般手工焊时，阳极的温度比阴极高些。弧柱区中所进行的放电过程较为复杂，而且它的温度不受材料沸点的限制，因此弧柱中心温度可达 5730 ~ 7730℃，发出的热量占总热量的 27% 左右（焊条电弧焊）。弧柱区的温度与弧柱区中气体介质和焊接电流的大小等因素有关：电流越大，弧柱区中的电离程度越高，弧柱区温度也越高。

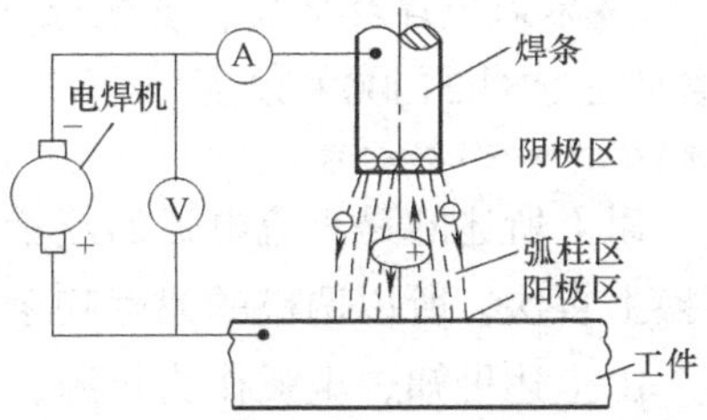

图 2-5　焊接电弧示意图

焊条电弧焊中，只有 65% ~85% 的热量用于加热和熔化金属，其余的热量则散失在电弧周围和飞溅的金属熔滴中。

阴极与阳极的温度与所用的电极材料有关。表 2-1 中列出了使用不同电极材料时，由试验测定的电弧两极温度。

表 2-1　使用不同电极材料时的电弧两极温度　（单位：℃）

金属	C	W	Fe	Ni	Cu	Al
阴极	3500	3000	2400	2400	2200	3400
阳极	4200	4200	2600	2400	2400	3400
熔点	—	3683	1812	1728	1356	933
沸点	—	6203	3013	3003	2868	2333

可以看出，一般情况下，阴极与阳极的温度要低于电极材料的沸点。阳极的温度往往高于阴极的温度，但铝例外，这是由于铝表面有氧化膜，对测量温度有影响，所以铝阴极和铝阳极的温度高于铝的沸点。

弧柱区的热量主要由带电粒子复合时释放出的相当于电离能的能量转化而来。因此，弧柱区的温度受电极材料、气体介质、电流大小和拘束程度等多种因素的影响。气体介质越容易电离，气体电离时吸收的能量越小，在复合时放出的能量就越小，则弧柱区的温度也就越低。此外，弧柱区中通过的电流越大，意味着弧柱区中的电离程度越高，弧柱区温度也就越高。

资料卡片

❖不同的焊接方法，其弧柱区的最高温度有所不同。对于等离子弧焊，弧柱区的最高温度可达到24000℃以上。

以上所述的是直流电弧的热量和温度分布情况。至于交流电弧，由于其电流方向每秒钟变换上百次，所以两极的温度趋于一致，近似于直流时两极温度的平均值。

由上述可知，电弧作为热源，其特点是温度很高、热量相当集中。因此，用于焊接时，金属熔化得非常快。使金属熔化的热量主要集中产生于两极；弧柱区温度虽高，但大部分热量散失于周围气体中，对金属的熔化并不起重要作用。

第二节 焊接电弧的性质

一、焊接电弧的静特性

焊接电弧是焊接回路中的负载，它起着把电能转换为热能的作用，在这一方面它与普通电阻具有相似之处。但是，普通电阻在通过电流时，其两端的电压降与通过的电流成正比，且比值基本不变，符合欧姆定律，称为电阻的静特性。而焊接电弧在燃烧时，电弧两端的电压降与通过电弧的电流值不成正比，其比值随电流值的不同而变化。在电极材料、气体介质不变的前提下，把弧长一定、电弧稳定燃烧时电弧电压与焊接电流变化间的关系称为焊接电弧的静特性，表示其关系的曲线叫作电弧的静特性曲线，如图2-6所示。

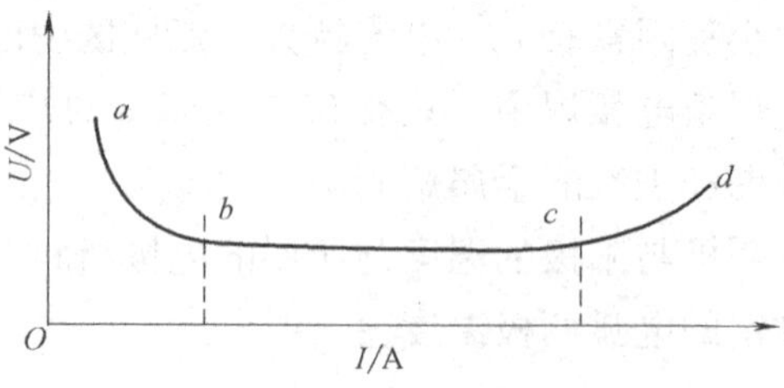

图2-6 电弧的静特性曲线

ab 段—下降段 *bc* 段—水平段

cd 段—上升段

整个静特性曲线可分为下降段、水平段和上升段三部分。

（1）下降段 在小电流区间，因为电弧电流较小，弧柱的电流密度基本不变，弧柱截面积将随电流的增大而增加，若电流增大4倍，则弧柱截面积也增加4倍，而弧柱周长只增加2倍，使得电弧向周围空间散失的热量只增加2倍。即减少了散热，提高了电弧温度和电离程度，而电流密度不变，必然会使电弧电场强度下降。因此，在此区段内，随着电弧电流的增大，电弧电压下降。

（2）水平段 当电流稍大时，焊丝金属将产生金属蒸气的发射，要消耗电弧的能量。此时，电弧的能量不仅会有周边的散热损失，还有金属蒸气能量的消耗。这些能量消耗将随电流的增加而增加，因此在某一电流区间可以保持电场强度不变，即电弧电压不变，使本区段基本呈水平直线。

（3）上升段 当电流进一步增大时，金属蒸气的发射作用进一步加强。同时，因电磁收缩力的作用，电弧断面不能随电流的增加成比例地增大，电弧的电导率将减小，要保证一定的电流，就要求有较大的电场强度。所以在大电流区间，随着电流的增加，电弧电压升高，本区段呈上升曲线。钨极氩弧焊时，在小电流区间电弧静特性为下降段；焊条电弧焊、埋弧焊和大电流钨极氩弧焊时，因电流密度不太大，电弧静特性为水平段；CO_2 气体保护焊、熔化极氩弧焊时，因电流密度较大，电弧静特性为上升段。

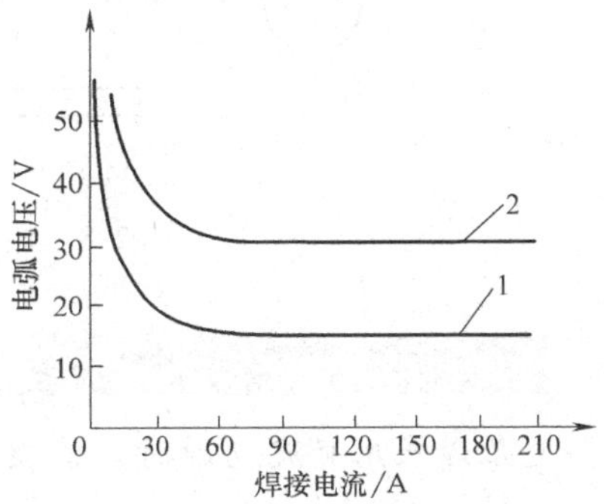

图 2-7 焊条电弧焊的电弧静特性曲线
1—弧长 $L=2\text{mm}$ 2—弧长 $L=5\text{mm}$

电弧静特性曲线的形状决定了它对焊接电源的要求。

焊条电弧焊时，由于使用的电流范围不是很大，其电弧静特性曲线只是图 2-6 中的一部分。由图 2-7 可以看出，在电流较小时，由于气体电离程度不够高，电弧电阻较大，所以电弧电压较高。随着焊接电流的增大，气体电离程度上升，导电情况改善，电弧电阻减小，所以电弧电压很快下降。当焊接电流增大到某一值后，由于电弧中的电离和复合达到动平衡状态，电弧电压将不再随电流的增大而变化，而是保持某一数值不变。当弧长发生变化时，静特性曲线平行移动。即当电弧长度增加时，电弧电压也增加。在焊条电弧焊应用的电流范围内，可以近似认为电弧电压仅与电弧长度成正比地变化，而与电流大小无关，其值一般为 16～25V。

从以上讨论的电弧静特性可知，不同电流下，电弧的电阻（即电弧电压与电流的比值）不是常数，不符合欧姆定律。故对电源而言，电弧是一个比较特殊的非特性电阻负载。为了使电弧能够稳定燃烧，就需要有一个满足焊接电弧要求的特殊的焊接电源供电。

二、焊接的极性及其应用

1. 焊接的极性

焊接电弧的气体放电是通过将焊条与工件两个电极分别接入焊接电源而产生的。焊条和工件与焊接电源的连接方式称为焊接的极性。

焊条电弧焊既可以用直流电焊接，也可以用交流电焊接。当用交流电焊接时，电源极性交替变化，所以焊条和工件可与电源两接线柱任意连接。当用直流电焊接时，电源两极固定，因此，焊条和工件可以用两种方式与电源正、负极相连接，如图 2-8 所示。

当焊接电源的正极与工件相接、负极与焊条相接时，称为正接法或正极性；反之，当焊接电源的负极与工件相接、正极与焊条相接时，称为反接法或反极性。由此可见，极性是以工件为基准的，工件为正极即为正接法，反之则为反接法。

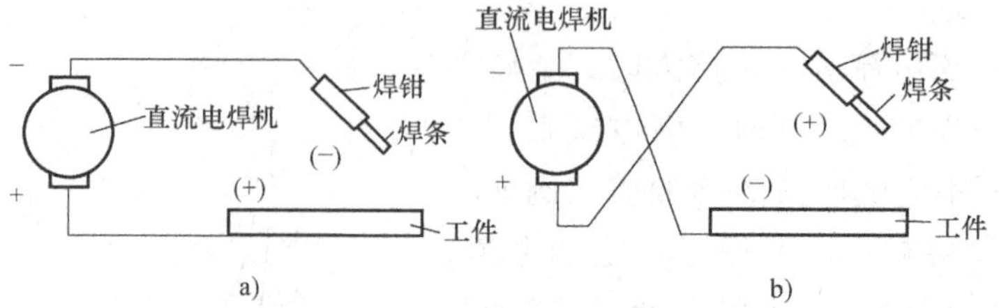

图 2-8 用直流电焊接时极性的不同接法

a）正接 b）反接

❖电弧焊采用交流电源时，需要考虑电源极性和电弧区温度对焊接质量和效率的影响吗？

2. 焊接极性的选择及应用

焊接时采用什么极性，主要是根据焊条的性质和工件所需要的热量来决定的。焊接极性的选择原则如下：

1）焊条电弧焊使用碱性低氢焊条时，一律采用反接。若采用正接，则电弧燃烧不稳定，发出强烈的“嘶嘶”声且飞溅很大，并且极容易产生气孔；使用酸性焊条时，极性对电弧的稳定燃烧影响不大。

同样道理，埋弧焊若使用直流电源施焊，则一般也采用反接。

2）钨极氩弧焊焊接钢、黄铜时，一律采用正接。因为阴极的发热量远小于阳极，所以用直流正接电源时，若钨极接负极，则发热量小，不易产生过热，钨极寿命长，同样直径的钨极可以采用较大的焊接电流；同时，焊件为阳极发热量大，因此熔深大、生产率高。

资料卡片

采用直流焊接电源焊接，使用酸性焊条，焊接薄板时为了防止焊穿，应采用直流反接。因为采用酸性焊条的焊条电弧焊，其阴极区温度低于阳极区温度，减少了熔化。而焊接厚板时，为了加大熔深，宜采用直流正接，因为此时阳极区温度高于阴极区温度。

三、焊接电弧的稳定性及其影响因素

焊接电弧的稳定性是指电弧在焊接过程中保持稳定燃烧的程度。在实际生产中，焊接电弧可能由于各种原因而发生燃烧不稳定的现象，如电弧经常间断、不能连续燃烧、电弧摇摆不稳或偏吹等。而焊接电弧能否稳定燃烧，直接影响到焊接质量的优劣和焊接过程是否能正常进行。电弧的稳定燃烧是保证焊接质量的一个重要因素，因此，维持电弧稳定性是非常重要的。电弧稳定性除与焊工操作技术有关外，还与下列因素有关。

1. 弧焊电源的影响

采用直流电源焊接时，电弧的燃烧比采用交流电源时稳定。因为交流电的电流和电压每秒钟有上百次经过零点，同时改变方向，所以会造成电弧瞬时熄灭，热量减少，使电子发射和气体电离程度减弱，必将引起电弧不稳。直流电则不存在上述问题，所以它比交流电稳弧性好，故稳弧性差的低氢型焊条必须采用直流电焊接。

此外，具有较高空载电压的焊接电源不仅引弧容易，而且电弧燃烧也稳定。这是因为焊接电源的空载电压较高时，电场作用强，电离及电子发射强烈，所以电弧燃烧稳定。

2. 焊接电流的影响

焊接电流越大，电弧的温度就越高，则电弧气氛中的电离程度和热发射作用就越强，电弧燃烧也就越稳定。通过试验测定电弧稳定性的结果表明：随着焊接电流的增大，电弧的引燃电压降低，自然断弧的最大弧长也相应增大。所以焊接电流越大，电弧燃烧越稳定。相反，采用小电流焊接时，电弧稳定性就比较差。

此外，焊接时如果电网电压太低，也会影响电弧的稳定燃烧，甚至会造成引弧困难而无法焊接。

3. 焊条药皮或焊剂的影响

当焊条药皮或焊剂中含有较多的电离能低的物质（如钾、钠的化合物）时，电弧的稳定性好。焊条中的这类物质称为稳弧剂，如果在焊条药皮或焊剂中加入 K、Na、Ca 等元素的氧化物，则能增加电弧气氛中的带电粒子，这样就可以提高气体的导电性，从而提高电弧燃烧的稳定性。例如，钛钙型药皮的焊条由于药皮中含有较多的稳弧剂，因而具有良好的稳弧性能。

相反，当焊条药皮或焊剂中含有电离能较高的氟化物、氯化物时，由于它们较难电离，因而降低了电弧气氛的电离程度，即降低了电弧的稳定性；同时，由于氟、氯等元素在电离过程中易夺取电子形成负离子，使电弧中电子的数量大大减少，从而也降低了电弧的稳定性。例如，低氢型药皮的焊条就是因为焊条药皮成分中含有较多的萤石（CaF_2），所以稳弧性较差。

此外，焊条药皮偏心、熔点过高，或者因保管不好造成药皮局部脱落、受潮时，都会影响电弧的稳定性。而焊接区有过多的油脂、油漆、水分及污物时，焊接电弧的稳定性也将受到影响。

四、焊接电弧的偏吹

在正常情况下焊接时，电弧的轴线总是与焊条轴线保持重合。随着焊条倾斜角度的改变，电弧轴线也随着焊条轴线的方向而改变，可以利用电弧的这一特性来控制焊缝成形。但是在某些条件下，也会发生电弧轴线偏离焊条轴线方向的现象，称之为电弧的偏吹。

焊接电弧的偏吹会引起电弧的强烈摆动，使焊工难以掌握电弧对接缝处的集中加热，严重时还会使电弧熄灭，影响焊接过程的顺利进行。电弧偏吹也严重影响着焊接质量，会使焊缝焊偏，产生气孔且使成形变差。因此，在焊接过程中，应尽可能地减少电弧偏吹现象。

1. 焊接电弧产生偏吹的原因

引起电弧偏吹的原因很多，归纳起来主要有以下几个方面。

（1）电弧周围气流的干扰　由于电弧周围气体的流动，把电弧吹向一侧而造成偏吹。造成电弧周围气体剧烈流动的原因很多，如大气的气流、热对流等。例如：在露天大风中施工或在狭窄通道中焊接时，往往会产生较为严重的电弧偏吹；焊接管道内部时，管内空气流速较大，形成的气流也会使电弧产生偏吹；焊接开坡口的对接接头时，如果坡口间隙较大，在热对流的影响下，也有可能发生电弧偏吹现象。

（2）焊条偏心度过大　如果焊条偏心度过大，焊芯两侧的药皮厚度不同，较厚一侧药皮的熔化长度小于较薄一侧，则会在焊条端部形成一个斜面，较薄一侧的焊芯外露，电弧就会失去药皮的保护而发生倾斜，如图2-9所示。因此为了保证焊接质量，在焊条生产的质量标准中，对药皮偏心度的允许范围有明确的规定。

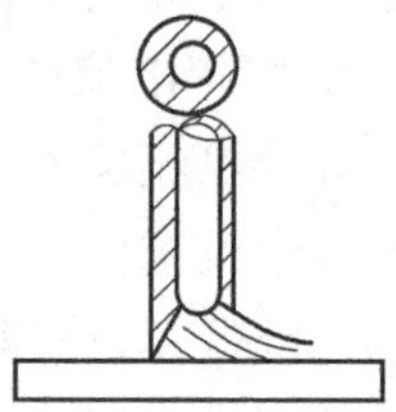

图2-9　焊条偏心度过大引起的电弧偏吹

（3）磁场的影响　采用直流电焊接时，受焊接回路所产生的电磁力作用而造成的偏吹叫作磁偏吹。此时，电弧周围除了自身电流产生的磁场外，还有通过焊件的电流所产生的磁场，如果导线的位置在焊件的右侧，则电弧右侧空间两个磁场的磁力线方向相同，而使电弧两侧的磁场分布不对称，靠近地线的一侧磁力线密集，磁场增强。根据左手定则，电弧右侧的磁场对电弧有一个向左的推力，使之向左偏斜而产生磁偏吹，如图2-10a所示，而且电流越大，磁偏吹越严重。如果将上述的正接法改为反接法，则电流和磁力线的方向都随之发生改变，但作用于电弧的电磁力方向不变，电弧仍然向与接地线方向相反的一侧偏斜，与正接法时一样，因此，磁偏吹的方向与焊接极性无关。

如果导线位置在焊件左侧，则在电弧左侧的空间为两个磁场相叠加，而在电弧右侧为单一磁场，电弧两侧的磁场分布不均衡，磁力线密度大的左侧将对电弧产生推力，使电弧偏离轴线向右侧倾斜，而产生磁偏吹，如图2-10b所示。如果导线在电弧中心线下面，则不会产生磁偏吹，如图2-10c所示。

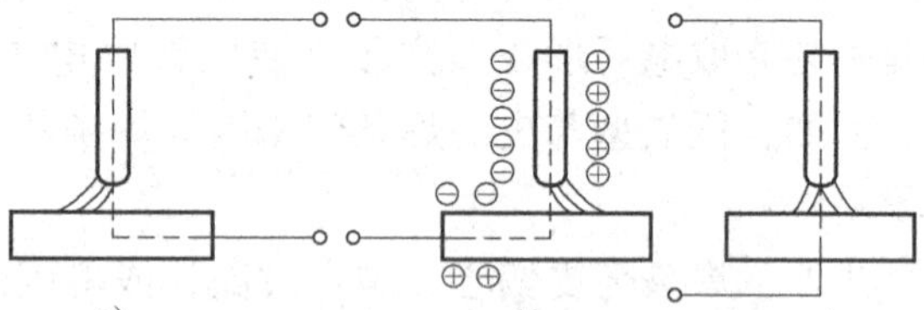

图2-10　导线不同侧产生的磁偏吹

当电弧周围存在铁磁物质时，也会引起磁偏吹。由于铁磁物质的导磁能力远远大于空气，靠近铁磁物质一侧的磁力线多从铁磁物质中穿过，只有少数从电弧与铁磁物质之间的空气中通过，从而使电弧两侧空气中磁力线的分布不对称，造成电弧向存在铁磁物质的一侧偏斜，就像铁磁物质吸引了电弧一样。例如，焊接角焊缝或Y形坡口对接焊缝时，往往会出现这种磁偏吹现象。

总之，引起焊接电弧产生磁偏吹现象的根本原因是电弧周围磁场分布不均匀，而这种情况只有在使用直流电源焊接时才会明显发生，并且焊接电流越大，电弧磁偏吹现象越严重。当使用交流电源焊接时，由于电流和磁场在不停地变化，因此，焊接电弧一般不会产生明显的磁偏吹现象。

2. 减少或防止电弧偏吹的方法

焊接电弧的偏吹会给焊接工作带来困难，应尽量减小其影响。生产中常用的减小或防止电弧偏吹的方法主要有以下几种：

1）对于因气体流动过强引起的电弧偏吹，应首先根据具体情况查明气流来源、方向，再采取相应措施。例如：露天焊接有大风时，必须用挡板遮挡；焊接管子时，应将管口堵住以防止“穿堂风”的影响；焊接间隙较大的对接焊缝时，可在焊缝下加垫板，以防止热对流引起的电弧偏吹。

2）在操作时适当调整焊条角度，使焊条向偏吹的一侧倾斜。这种方法对由焊条偏心引起的偏吹和磁偏吹有一定的效果，且简便易行，在生产中应用较广泛。但是，当焊条偏心度过大或磁偏吹太强时，仅依靠调整焊条角度来克服电弧偏吹是不能确保焊接质量的。

3）采用短弧焊接及小电流焊接，也对减小电弧偏吹有一定作用。因为短弧焊时，电弧受气流的影响较小；即使产生了磁偏吹，采用小电流、短弧焊接，也能减小磁偏吹程度。

4）为了防止磁偏吹的影响，在条件许可的情况下，应尽量使用交流电焊接。在必须用直流电焊接时，可通过适当改变焊件上的接地线部位，或者在焊缝两端各加一小块附加钢板等方法，尽可能地使电弧两侧的磁力线分布均匀，以减小电弧的磁偏吹。

【思考与练习】

一、填空题

1. 电弧的实质是焊条与工件之间的气体介质产生的________________现象。
2. 焊接电弧的引燃可划分为__________、____________和______________三个阶段。
3. 焊接电弧根据其物理特征，可沿长度方向划分为三个区域，即______________、______________和______________。
4. 焊条电弧焊使用碱性低氢焊条时，一律采用______________接法。
5. 钨极氩弧焊焊接钢、黄铜时，一律采用______________接法。
6. 对于稳弧性差的低氢型焊条，必须采用____________________焊接。

二、简答题

1. 焊接电弧是怎么产生和维持的？
2. 什么是电弧的静特性？画出不同弧长时焊条电弧焊的静特性曲线，并说明其含义。
3. 什么是正极性和反极性？应如何应用？
4. 影响电弧稳定性的因素有哪些？如何提高焊接电弧的稳定性？
5. 焊接电弧产生偏吹的原因有哪些？怎样减小和防止电弧偏吹？

第三单元 焊接冶金基础

【情景导入】

铁液中含有 C、S、P 等杂质，它们影响着铁的强度和脆性等，需要对铁液进行再冶炼，以去除这些杂质，并加入 Si、Mn 等元素调整其成分。对铁液进行重新冶炼以调整其成分的过程称为炼钢，如图 3-1 所示。

图 3-1　炼钢

炼钢的主要原料是含碳量较高的铁液、生铁或废钢铁。为了去除铁液中的杂质，需要向铁液中加入氧化剂、脱氧剂和造渣材料，以及铁合金等材料，以调整钢的成分。将含碳量较高的铁液或生铁加入炼钢炉以后，经过供氧吹炼、加矿石、脱碳等工序，可将其中的杂质氧化除去，最后加入合金，进行合金化，便得到了钢液。

焊接中的熔池好似一个微型炼钢炉，以焊条或焊丝、焊剂及母材金属为主要原料，在电弧的高温下进行着类似炼钢时发生的物理、化学反应。电弧热还会影响熔池周边的母材金属，引起其组织结构、性能的变化。焊接时，采用适当工艺控制焊缝成分、组织和内部质量，可以得到满足性能要求的焊接接头。本单元将讨论焊接冶金基础。

【学习目标】

通过本单元的学习，了解金属熔焊时焊件中温度的变化规律；熟悉焊接条件下，金属所经历的物理、化学变化过程；掌握焊接接头在其形成过程中成分、组织与性能的基本变化规律。理解熔渣的成分、作用及性质，掌握有害元素对焊缝的影响及控制。

第一节　焊接热过程

电弧焊时，焊件及填充金属被电弧加热熔化形成熔池，焊接热源移开后又冷却结晶形成焊缝，这样的加热与冷却过程称为焊接热过程。焊接热过程的内容包括焊接热循环、焊接温度场、焊接传热的基本规律、焊接热源等。

一、焊接过程的特点

1. 焊接的一般过程

（1）焊接热过程　在焊接热源的作用下，金属局部被加热与熔化，同时出现热量的传播和分布的现象，而且这种现象贯穿整个焊接过程的始终，这就是焊接热过程。一切焊接物理、化学过程都在这一过程中发生和发展，它直接影响着焊接质量和生产率。

（2）焊接冶金过程　高温下，熔融金属、熔渣、气相之间进行着一系列的化学冶金反应，如金属的氧化、还原、脱硫、脱磷、渗合金以及与氢的作用等，这些反应直接影响焊缝金属的成分、组织和性能。控制冶金过程是提高焊缝质量的重要措施之一。

（3）焊接时金属的结晶和相变过程　在焊接条件下，热源离开后，被熔化的金属便快速连续冷却，并发生结晶和相变过程，最后形成焊缝。在这一过程中，有可能在焊缝金属中产生偏析、夹杂、气孔、热裂纹、淬硬、脆化冷裂纹等缺陷。因此，控制和调整焊缝金属的结晶和相变过程是保证焊接质量的又一关键。

焊缝两侧的母材因热传导而受到热的作用，于是发生组织变化而形成焊接热影响区。在该区中，可能出现焊接缺陷或母材性能变坏。

2. 焊接热过程的特点

1）焊接热过程是在焊件局部进行的。通常焊条电弧焊时，熔池的质量仅为3~9g。埋弧焊时，即使焊接电流很大，熔池的质量也不超过100g。因此对焊件整体来说，加热是不均匀的。

2）焊接热过程是一个瞬时进行的过程，主要体现在升温速度快、高温停留时间短、冷却速度快。电弧焊时，其加热速度可达1500℃/s以上，熔池存在的时间一般只有几秒至几十秒。

3）加热温度高。电弧焊时，电弧的最高温度为5000~6000℃，远高于金属的熔点。对于低碳钢来讲，熔池的平均温度仅为（1770±100）℃，熔滴的温度为（2300±200）℃，熔渣的温度为（1550±100）℃。表3-1中列出了不同材质和焊接方法下熔池的平均温度。

表3-1　熔池的平均温度　（单位：℃）

被焊金属	熔点	焊接方法	平均温度	过热温度
低碳钢	1525	埋弧焊 熔化极氩弧焊 钨极氩弧焊	1705~1860 1625~1800 1665~1790	185~325 100~275 140~265
铝	660	熔化极氩弧焊 钨极氩弧焊	1000~1215 1075~1215	340~585 415~550
Cr12V	1310	药芯焊丝	1500~1610	190~300

4）焊接过程中的热源是不断运动着的，焊件受热区域的不断变化，使得这种传热过程具有不均匀性。

3. 焊接热过程对焊接质量的影响

焊缝金属的内在质量、热影响区组织与性能的变化、焊接接头上的应力状态及焊接生产率等，直接受到焊接热过程的影响。焊接热过程对焊接质量的影响主要有以下几点：

1）焊接热过程决定了焊接熔池的温度和存在时间。温度的高低和时间的长短，直接影响着熔池金属的物理、化学反应，若反应不完全，则焊接金属中将会产生偏析、气孔、夹杂等缺陷。

2）在焊接热过程中，由于热传导的作用，近缝区的母材金属将发生组织与性能的变化，这种变化与焊接热源的性质、加热时间和冷却速度有关，受其影响该区可能产生淬硬、脆化或软化现象。

3）焊接是不均匀加热和冷却的过程，接头区会发生不同程度的热弹性变化，焊后将产生不均匀的应力状态和各种变形，焊接应力与冶金因素共同起作用可以产生裂纹。

4）提高母材和填充材料的熔化速度是提高焊接生产率的重要途径，而熔化速度取决于热的作用，故焊接热过程对焊接生产率也有影响。

二、焊接温度场

1. 焊接温度场的概念

热能传递的方式主要有传导、对流和辐射三种。在电弧焊中，热能主要通过传导和辐射两种方式传给焊件。焊件受到电弧热源的加热时温度会升高，由于焊接热过程的特点，与热源的距离不同，在不同的时刻，焊件上各点的温度都是不同的，但这种变化有其内在的规律。焊接温度场就是在焊接过程中的某一瞬时，焊件上各点的温度分布情况，通常用等温线或等温面来表示，如图3-2所示。为了便于分析和研究焊接温度场，需要对实际焊接条件下复杂的热过程进行简化处理，如假设热源的功率稳定不变，热源做恒速直线运动，在经过一段时间以后，以热源为中心的温度场达到饱和状态而趋于不变等。另外，根据焊件的尺寸和热源的性质，把温度场分为一维（单向线性传热）、二维（平面传热）和三维（空间传热）三种状况。

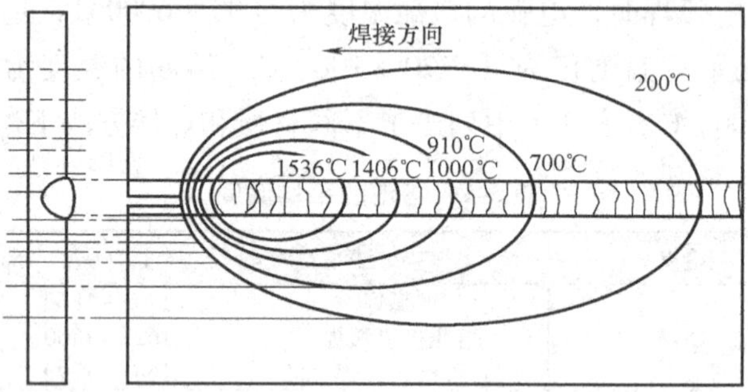

图3-2　焊接温度场

2. 影响焊接温度场的因素

焊接温度场的形状主要受下列因素的影响。

（1）热源的性质和焊接参数　由于热源的性质不同，如气焊、电弧焊、电子束焊等，焊接时温度场的分布也不同。热源的能量越集中，温度场的范围越小。例如：气焊时热源的作用面积大，电弧温度相对较低（表3-2），其温度场的范围就较大；TIG焊时热能集中，电弧温度较高，所以其温度场的范围就较小。

表 3-2　熔焊焊接热源的主要特性参数

热源	最小加热面积/cm^2	最大能量密度/(W/cm^2)	温度/K
氧乙炔焰	10^{-2}	2×10^3	3400～3500
焊条电弧焊电弧	10^{-3}	10^4	6000
TIG 焊电弧	10^{-3}	1.5×10^4	8000
埋弧焊电弧	10^{-3}	2×10^4	6400
MIG 焊或 CO_2 焊电弧	10^{-4}	10^4～10^5	—
电渣焊渣池电阻热	10^{-2}	10^4	2300
等离子弧	10^{-5}	1.5×10^4	18000～24000
电子束	10^{-7}	10^7～10^9	—
激光	10^{-8}	10^7～10^9	—

同样的焊接热源，由于采用的焊接参数（主要为热源的功率和焊接速度）不同，则温度场的分布变化也很大。以焊接厚度为10mm的低碳钢钢板为例，当热源功率不变时，随着焊接速度的增加，等温线的范围变小，即温度场的宽度和长度都变小，而宽度减小得更大些，如图3-3所示。对于同一焊接热源，当焊接速度不变时，随着热源功率的增大，等温线范围也随之增大，如图3-4所示。

（2）被焊金属的热物理性质　用同样的功率和焊接参数焊接几种厚度相同、材质不同的金属时，温度场的形状也各不相同。金属的热物理性质，如热导率、比热容、热扩散率等都是温度的函数，不同的金属，其热物理性质各不相同。

（3）被焊金属的状况　被焊金属的状况主要是指被焊金属的尺寸大小、厚度和所处状态（环境温度、预热等），这些因素对传热过程都有很大的影响，因而也就影响着温度场的分布。

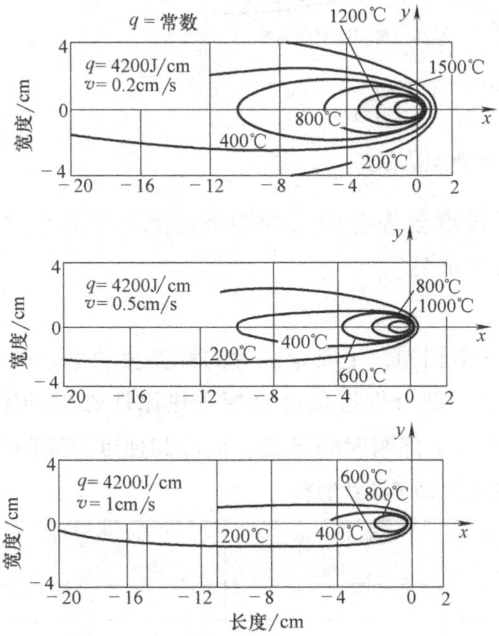

图 3-3　焊接速度对温度场的影响

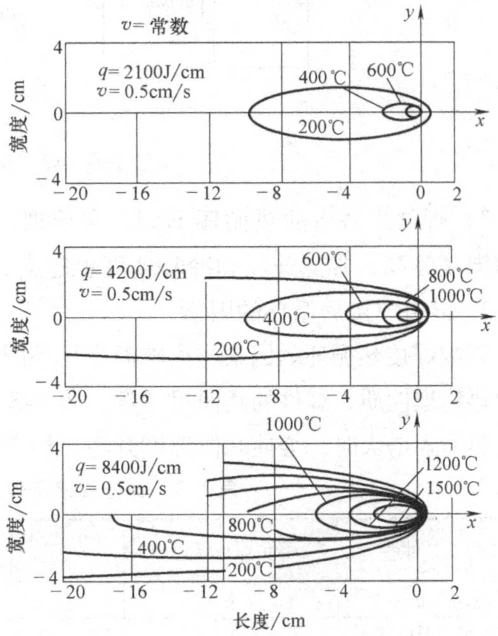

图 3-4　同一热源的不同功率对焊接温度场的影响

三、焊接热循环

焊接温度场可以反映出焊件温度某一时刻在空间的分布情况，但不能说明焊件上各点温度随时间的变化情况。这种反映焊件上的某一点在焊接热源的作用下，其温度随着时间的变化经历由低到高，再由高到低的过程称为焊接热循环。焊接热循环的主要参数是加热速度（ω_h）、加热最高温度（T_{max}）、相变温度以上的停留时间（t_h）和冷却速度（ω_c），如图 3-5 所示。

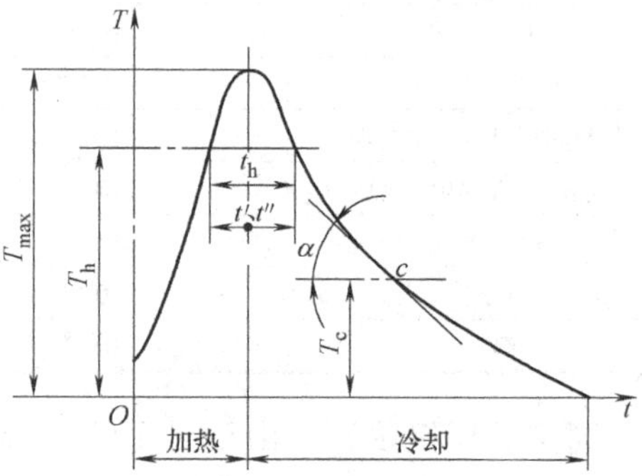

图 3-5　焊接热循环曲线及其特征

1. 焊接热循环的特征

图 3-6 所示为厚度为 13mm，原始温度为 27℃，焊接热输入为 3940J/cm 的焊接低碳钢的典型热循环曲线。从该曲线上可以看出，焊接热循环具有两个主要特征：

1）加热峰值温度高，加热速度和冷却速度大，且加热速度比冷却速度更大。

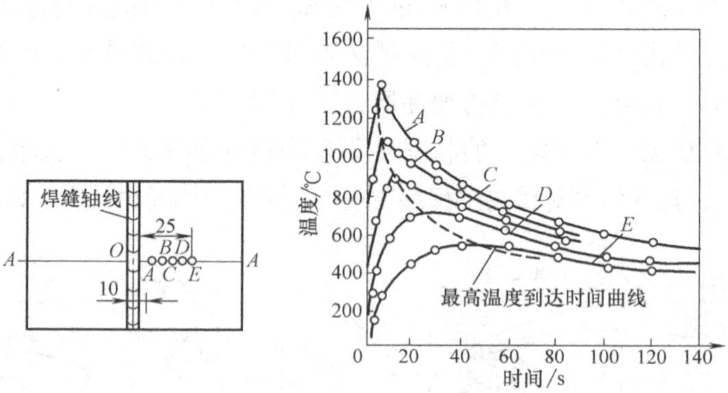

图 3-6　焊接接头的典型热循环

2）焊件上各点的热循环不同，主要取决于各点至焊缝中心的距离。越靠近焊缝中心，峰值温度越高，加热速度和冷却速度也越大，反之亦然。

2. 影响焊接热循环的因素

影响焊接热循环的因素与影响温度场的因素基本相同，主要是热源的种类及功率、被焊金属的热物理性质、焊件的几何尺寸等。表 3-3 列出了部分焊接条件对焊接热循环参数的影响，如，热输入增大时，会使峰值温度升高、相变温度以上停留时间延长，而冷却速度显著降低。

表 3-3　部分焊接条件对焊接热循环参数的影响

焊接条件	峰值温度 T_{max}	相变温度以上的停留时间 t_h	加热速度 ω_h	冷却速度 ω_c
热输入 q↑	↑	↑	↑	↓
初始或预热温度 T_0↑	↑	↑	↑	↓
板厚 δ↑	↓	↓	↓	↑

❖在焊接过程中，以哪一种传热方式为主？

3. 焊接热循环的调整及控制

焊接热循环对焊缝及其热影响区的组织和性能具有重要影响，调整和控制焊接热循环对保证和提高焊接质量具有重要作用。调整和控制焊接热循环的原则主要是使焊接变形和焊接残余应力最小，保证焊缝及热影响区有良好的组织和性能，并有利于提高生产率。

单层焊时由于受到焊缝截面的限制，不能在较大的范围内调整输入功率和焊接速度，因而焊接热循环的调整受到了一定限制。但是，实际焊接生产中更多地采用多层多道焊，如厚壁管道、容器和重型金属结构等要焊接几十层甚至更多层。因此，对多层焊热循环的调整和控制具有重要意义。在实际生产中，根据具体情况不同，多层焊可分为长段多层焊和短段多层焊。

（1）长段多层焊　所谓长段多层焊，就是每道焊缝的长度均较长，且在1m以上。这样，在焊接下一道焊缝前，前层焊缝已冷至较低温度（100～200℃），即后层焊缝对前层焊缝具有热处理作用（退火或回火）。对具有淬火倾向的钢材，为防止最后一层淬火，有时需要多加一层退火焊道（退火层可再用机械加工去掉），使焊接质量得到改善。

长段多层焊多为直通焊接，焊接工艺较简单，生产率高，热影响区较窄。但是，一些淬硬倾向较大而有可能产生裂纹的钢种则不适合采用长段多层焊，以避免因快速冷却淬硬而产生冷裂纹。对于这类钢种，就必须采用焊前预热、层间温度控制、后热等措施。在进行长段多层焊时，如果第一层和最后一层不产生淬硬组织，则其他层将不会产生淬硬组织。因此，检测和控制第一层及最后一层的冷却速度具有重要意义。

（2）短段多层焊　短段多层焊是指分段逐层焊接，每段焊缝的长度较短，仅为50～400mm。采用短段多层焊时，可获得陡窄的热循环曲线，使得在奥氏体转变温度（Ac_3）以上停留的时间短，从而可避免奥氏体晶粒粗化。同时由于采用短段焊接，当焊缝快冷到马氏体转变温度时，再立刻焊上第二层。这样，第一层焊缝及热影响区金属受到第二层焊缝焊接时热量的作用，温度不再下降而有所上升，减慢了冷却速度，从而可有效避免淬硬组织的出现。短段多层焊可以解决高温停留时间与冷却速度难以同时降低的矛盾，这种热循环的调节十分适用于焊后晶粒容易长大且容易淬火的钢种。

应用短段多层焊时，主要的问题是合理确定每段焊缝的长度。如果焊道过长，则前一层焊缝已冷至马氏体转变温度以下并出现马氏体组织，可能产生裂纹，短段多层焊就失去了意义。若焊道过短，则会使焊缝及热影响区在高温下停留的时间过长，造成晶粒粗化，同样也达不到工艺目的。

应当指出，短段多层焊操作过程烦琐，如果焊道长度选取不当，则不仅不能改善接头性能，还有降低焊接质量的危险，只有在特殊情况下才使用。

资料卡片

1968 年，日本某地有一台球形储罐在做水压试验时发生了脆断事故。经查其原因是补焊时采用了很大的焊接热输入（80000J/cm），加之焊后未做好消氢处理工作，因此产生了裂纹而造成脆断。

第二节 焊缝金属的构成

一、焊条（焊丝）的加热与熔化

1. 焊条（焊丝）的加热

电弧焊时，焊条或焊丝是电弧放电的电极之一，其加热熔化后进入熔池，与熔化的母材混合成焊缝。

电弧焊时，加热和熔化焊条或焊丝的能量有焊接电流通过焊芯时产生的电阻热，以及焊接电弧传给焊条端部的热能。一般情况下，由于后者产生的热能仅占总能量的 1% ~3%，因此可忽略不计。

（1）电阻加热　焊接电流通过焊芯时产生的电阻热，会使其本身和药皮的温度升高。电流通过焊条时产生的电阻热 Q_R 为

$$Q_R = I^2 R\tau$$

式中　I——焊接电流（A）；

R——焊芯的电阻（Ω）；

τ——电弧燃烧时间（s）。

电阻加热的特点是从导电接触点至电弧之间的焊芯上热量均匀分布。当电流密度不大且加热时间不长时，可以不考虑电阻热的影响。当焊接电流密度很大、焊芯过长时，由于电阻热增大，使焊芯和药皮温升过高，将引起以下不良后果：①焊条金属在电弧作用下熔化得过分激烈，使飞溅增加；②焊条药皮开裂或过早脱落，使电弧不能稳定燃烧；③药皮组成物之间过早地发生反应，丧失其冶金性能；④焊缝成形变坏，甚至产生气孔等缺陷；⑤焊条发红变软，操作困难。用不锈钢焊条焊接时，这种现象更加突出，严重者焊接时熔化焊条长度的2/3，就会因药皮发红脱落而不能继续施焊，不仅影响了焊接质量，而且造成了很大的浪费。因此，焊条电弧焊时，应当严格限制焊芯或药皮的加热温度。

试验表明，焊芯和药皮的加热温度取决于电流密度、焊芯的电阻、焊芯的熔化速度，药皮厚度及其成分等。在其他条件相同的情况下，电流密度越大，焊芯的温升就越高。所以，调节焊接电流密度是控制焊芯加热温度的有效方法。显然，在同样的电流密度下，焊接电阻越大，则温升越高。例如，H08A 低碳钢焊芯比 Cr18Ni9 不锈钢焊芯的电阻小，当 130A 的电流通过直径为 4mm 的上述两种焊芯时，其表面温升分别为 532℃和 917℃，后者比前者高约 400℃。故电阻较大的不锈钢焊条比碳钢焊条短，相同直径的焊条选用的电流也要低些。在同样的条件下，焊条的熔化速

度越快，因其被加热的时间越短，所以温升越低。药皮的成分和厚度直接影响焊芯表面的散热条件，随着药皮厚度的增加，药皮表面的温度会直线下降，但同时也增加了药皮和焊芯之间的温差，从而增加了药皮的开裂倾向；调整药皮的成分，使焊芯金属由短路过渡变成细颗粒过渡，可以提高焊条的熔化速度，降低焊接终了时药皮的温度。

（2）电弧加热　焊接电弧产生的热量大部分用于熔化母材，一小部分用于熔化焊条。焊条端部得到这部分能量后，一部分消耗于熔化端部的药皮及焊芯，另一部分则传导到焊芯的上部，使焊芯和药皮的温度升高。但电弧对焊条加热的特点是热量非常集中，沿焊条轴向与径向的温度场都非常窄。对焊条轴向药皮表面温度进行测量的结果表明，电弧热量集中在至焊条端部10mm以内，如图3-7所示。焊条径向温度下降得也很快，药皮表面温度比焊芯温度低得多，如图3-8所示。

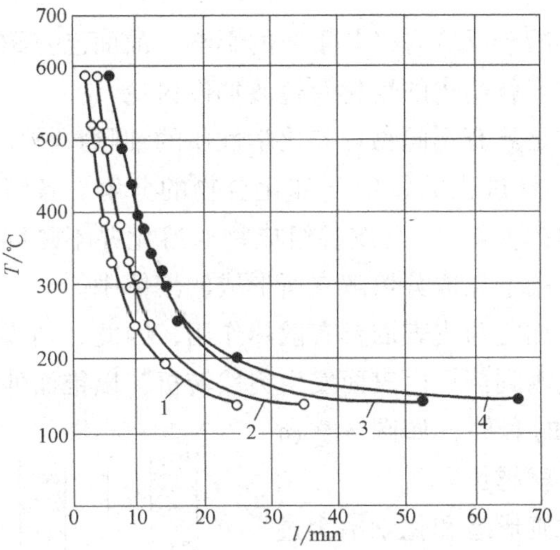

图3-7　焊接时沿焊条轴向（药皮表面）上的温度分布

不锈钢焊条：$\phi=5\text{mm}$，$I=190\text{A}$，$U=25\text{V}$

电弧通过时间：1～10s；2～20s；3～30s；4～40s

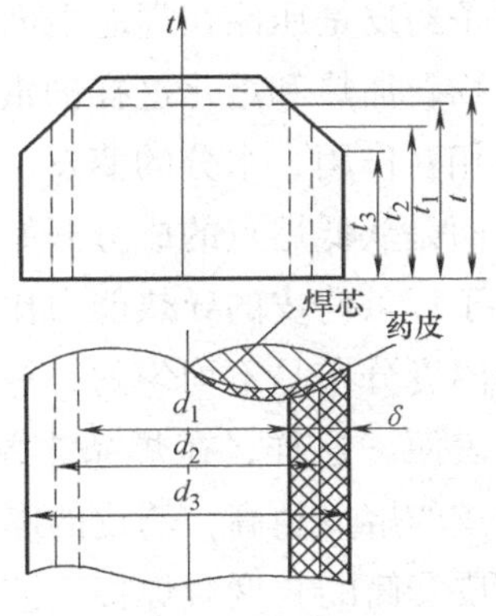

图3-8　焊条横截面上的温度分布

t—焊芯平均温度　t_1—药皮内表面温度

t_2—药皮平均温度　t_3—药皮外表面温度

δ—药皮温度

❖焊条的熔化主要是依靠电阻热还是电弧热？

2. 焊条的熔化速度

在电弧热的作用下，焊条端部的焊芯熔化后进入熔池。焊条的熔化速度是衡量焊接生产率的主要参数。研究发现，焊条的熔化是以周期性的滴状形式进行的，这说明焊条的熔化是不均匀的。另外在大电流密度下，用焊条焊接时，由于电流对焊芯的强烈预热作用，焊接终了时的熔化速度比开始时大30%或更多。

焊条的熔化速度可用单位时间内焊芯熔化的长度或质量来表示。试验证明，在正常焊接参数条件下，焊条的平均熔化速度与焊接电流成正比，即

$$V_m = m/\tau = \alpha_p I$$

式中 V_m——焊条的平均熔化速度（g/h）；

m——熔化的焊芯质量（g）；

τ——电弧燃烧的时间（h）；

α_p——焊条的熔化系数［g/(h·A)］。

α_p 的物理意义是熔焊过程中，单位时间内使用单位电流时焊芯（或焊丝）的熔化量。

焊接时熔化的焊芯或焊丝金属并不是全部进入熔池形成焊缝，而是有一部分损失掉了。单位电流、单位时间内焊芯（或焊丝）熔敷在焊件上的金属量称为熔敷系数。

熔化系数并不能确切地反映对焊条金属的利用率和生产率的高低，真正能够反映焊条金属利用率及生产率的指标是熔敷系数。

3. 焊条药皮的熔化及过渡

药皮的温度、熔化及过渡特点对焊接化学冶金反应有极其重要的影响。前面已介绍了药皮表面温度及其沿焊条长度的分配情况，这里仅就药皮的熔化及过渡加以讨论。

焊条药皮是压涂在焊芯表面的涂料层，它是具有不同物理和化学性质的细颗粒物质的紧密混合物，加热和熔化这样的混合物伴随着各种过程的发生（如化合物的分解、各组成物之间的相互作用、水分的蒸发、低沸点材料的挥发等）。药皮各组成物的熔化并不是同时进行的，而是从低熔点的成分开始，并同时发生高熔点成分熔解在所形成的液体中。

由于焊条药皮的导热能力比焊芯低得多，加之药皮表面具有散热作用，因此，药皮厚度方向的温度分布是不均匀的，等温线由焊芯过渡到药皮内表面发生突然转折，以锥面伸展到药皮外表面。这样，在焊条末端形成了所谓的套筒，如图 3-9 所示。药皮的熔点越高，药皮的厚度越大，套筒就越长。

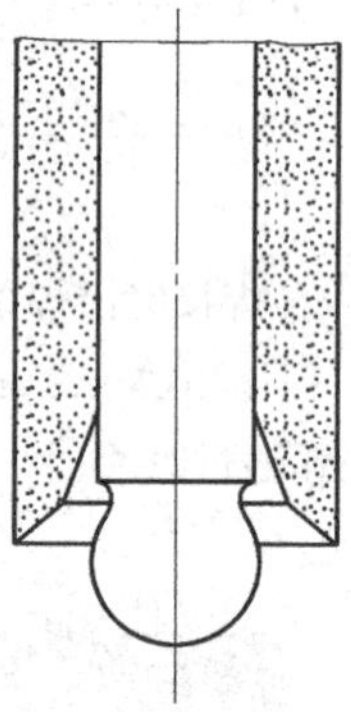

图 3-9　药皮形成的套筒

药皮套筒的长度对焊接工艺性能、熔滴过渡形态和化学冶金过程都有影响，增大套筒长度可以提高电弧吹力，增加熔深，细化熔滴，并可使气流对熔滴的保护作用加强。但套筒过长，将使电弧拉长，造成电弧不稳甚至中断或是药皮成块脱落。

药皮熔化后形成熔渣，向熔池过渡。熔渣的过渡形式有两种：一种是包在熔滴外形成一层薄膜或部分熔渣质点被熔滴金属包裹，随熔滴过渡；另一种是从焊条端部直接进入熔池。在第一种情况下，熔渣在过渡过程中能与熔滴发生冶金反应，因此冶金反应进行得比较充分。第二种情况在药皮厚度比较大时才会出现，此时熔渣仅和熔池金属发生反应。

二、熔滴过渡

1. 熔滴过渡对焊接过程的影响

焊条金属或焊丝熔化后，虽然加热温度超过了金属的沸点，但其中只有一小部分（10%以下）为蒸发损失，90%～95%是以滴状过渡到熔池中。

选用的焊接参数不同，熔滴过渡的形式、熔滴的质量、过渡的频率等过渡特性将随之变化，从而将对焊接过程产生以下影响：

1）熔滴过渡的速度和熔滴的尺寸影响焊接过程的稳定性、飞溅程度及焊缝成形的好坏。

2）熔滴的尺寸大小和长大情况决定了熔滴反应的作用时间和比表面积，从而决定了熔滴反应速度和完全程度。

3）熔滴过渡的形式与频率直接影响焊接生产率。

4）熔滴过渡的特性对焊接热输入有一定的影响，改变熔滴过渡的特性，可以在一定程度上调节焊接热输入，从而改变焊缝的结晶过程和热影响区的尺寸及性能。

2. 熔滴过渡的特性及规律

研究熔滴过渡规律及其控制方法对创造新型焊接方法和电源都有很重要的意义。因此，在各种熔焊工艺的研究中，都要探讨熔滴过渡的特性及规律。

（1）熔滴过渡的主要参数　用来说明焊条金属过渡的主要参数包括过渡的熔滴质量、熔滴过渡的频率、熔滴过渡的周期、熔滴的比表面积（熔滴的表面积与质量之比）等。这些参数对熔滴与其周围介质相互作用的时间和冶金反应的完全程度有着十分大的影响。

熔滴的比表面积很大，可达 $10^2 \sim 10^4 cm^2/kg$。事实上，熔滴与其他物质的接触面积比熔滴的比表面积还要大，因为在熔滴内部常常含有熔渣的质点和气泡。由此可知，焊接时的化学冶金反应是十分剧烈的。

（2）熔滴过渡的形式　熔滴过渡的形式与焊接方法有关，其分类方法也不尽相同。焊条电弧焊时，对于焊条金属的熔滴过渡，目前国内学者多数认为应划分为短路过渡、颗粒状过渡、喷射过渡和渣壁过渡四种形式。

三、母材的熔化与焊缝的形成

1. 母材的熔化与熔池的形成

熔焊时，在热源的作用下，在焊条金属熔化的同时，被焊金属——母材也发生局部熔化。在母材上，由熔化的焊条金属和母材组成的具有一定几何形状的液体金属称为熔池。

2. 熔池的形状、尺寸和特性

（1）熔池的形状和尺寸　焊接开始后，经过一段时期，熔池的形状与尺寸不再变化，其形状接近于不太规则的半个椭球。熔池的主要尺寸为熔池长度 L、最大宽度 B_{max} 和最大熔深 H_{max}。

（2）熔池的特性

1）熔池的重量。熔池的重量与焊接参数有关。试验得出，焊条电弧焊时，熔池的质量 m_p 与 P_0^2/v（P_0 为电弧功率，v 为焊接速度）成线性关系，即 m_p 随 P_0 的增加而急剧增大，随焊接速度 v 的增大而减小。

2）熔池的存在时间。熔池在液态存在的最长时间与熔池长度的关系为 $t_{max}=L/v$（L 为熔池的长度，v 为焊接速度）。

3）熔池的温度。熔池最突出的特点是温度分布不均匀，根据温度的分布及变化规律，以热源中心为界，可将熔池划分为头部与尾部两部分。熔池头部（电弧前方）的温度比尾部（电弧后方）的温度高。

4）熔池的流动。使熔池中液态金属产生运动的主要原因如下：

① 液体金属的密度差引起的自由对流运动。

② 表面张力差引起的强制对流运动。

③ 热源的各种机械力产生的搅拌作用，使熔池处于运动状态。

资料卡片

焊接参数、电极直径及其焊嘴（焊把）的倾斜角度、焊接材料的成分等，都对熔池中液态金属的运动方向和运动速度有很大影响。正是由于这些运动，使得母材与焊条金属的成分能很好地混合，从而获得成分比较均一的焊缝金属。其次，熔池中的搅拌运动有利于气体和非金属夹杂物的逸出，从而有利于消除焊接缺陷，提高焊缝质量。

3. 焊缝金属的熔合比

焊缝金属是由局部熔化的母材与填充金属共同组成的，其组成比例决定了焊缝的成分。熔焊时，局部熔化的母材在焊缝金属中所占的百分比叫作熔合比。熔合比的大小受很多因素的影响，如焊接方法、焊接规范、接头形式、坡口角度、药皮焊剂性质、焊条（焊丝）的倾角等。当焊接方法确定后，熔合比的大小主要和焊接规范有关。

通常，熔合比随焊接电流的增加而增大，随电弧电压、焊接速度的增加而减小。通过调整熔合比可以改变焊缝金属的化学成分，这在焊接生产中有重要的实际意义。例如：堆焊时，总是通过调节焊接规范来使熔合比尽可能小，以减少母材成分对堆焊层的稀释作用，从而保证堆焊层的性能；异种钢焊接（奥氏体型不锈钢与珠光体钢的焊接）时，熔合比对焊缝成分和性能的影响也是相当大的。

第三节 焊接化学冶金过程的特点

一、焊接时的焊缝金属保护

要认识焊接化学冶金过程的特点，必须首先了解焊接时保护焊缝金属的必要性、保护方式、保护效果及其对焊缝金属力学性能的影响。

焊条电弧焊时，如果采用无药皮的光焊丝在空气中进行焊接，则会出现电弧不稳定、焊条易粘钢板、飞溅大等现象，操作十分困难。即使采用直流电源进行焊接，电弧仍然很不稳定，且飞溅严重，焊缝成形很差，并伴有气孔产生。不仅如此，用光焊丝焊接时，由于熔化金属与其周围的空气激烈地相互作用，使焊缝金属中氧与氮的含量大大增加，而有益元素锰与硅含量则大大减少，力学性能也随之恶化，见表3-4与表3-5。

表3-4 不同焊条焊接时焊缝金属化学成分的变化

分析对象		化学成分(质量分数,%)					
		C	Si	Mn	N	O	H
焊芯		0.13	0.07	0.66	0.005	0.021	0.0001
低碳钢母材		0.20	0.18	0.44	0.004	0.003	0.0005
焊缝金属	用光焊丝	0.03	0.02	0.20	0.14	0.21	0.0002
	用酸性焊条	0.06	0.07	0.36	0.013	0.099	0.0009
	用碱性焊条	0.07	0.23	0.43	0.026	0.051	0.0005

表 3-5　用光焊丝无保护焊接低碳钢时的力学性能

性　能	金　属	
	母材	焊缝
R_m/MPa	390~440	324~390
A（%）	25~30	5~10
α(冷弯角)/(°)	180	20~40
a_K/(J/cm²)	>147	4.9~24.5

由表 3-5 可以看出，用光焊丝焊接是没有实用价值的。

为了提高焊缝金属的质量，用熔焊方法成功制造重要结构，就必须尽量减少焊缝金属中有害杂质的含量和有益合金元素的损失，使焊缝金属得到合适的化学成分。因此，焊接化学冶金的重要任务就是加强对熔化金属的保护，使其免受空气的有害作用。事实上，大多数熔焊方法都是基于这个思路发展和完善起来的。迄今为止，已找到许多保护材料（如焊条药皮、焊剂、药芯焊丝、保护气体等）和保护手段对焊缝金属加以保护，见表 3-6。

表 3-6　熔焊时采用的保护方式

保护方式	焊 接 方 法
熔渣保护	埋弧焊、电渣焊、不含造气物质的焊条或药芯焊丝焊接
气体保护	在惰性气体或其他气体（如 CO_2 混合气体）保护中焊接、气焊
气-渣联合保护	具有造气物质的焊条或药芯焊丝焊接
真空	真空电子束焊接
自保护	用含有脱氧剂、脱氮剂的“自保护”焊丝进行焊接

采用不同的保护方式，其保护效果是不同的。焊条药皮和药芯焊丝一般由造气剂、造渣剂、铁合金等组成。这些物质熔化以后形成熔渣覆盖在液体金属表面，将金属与空气隔离，防止了金属中有益元素的烧损和有害物质的侵入。这种隔离作用通常叫作机械保护作用。同时，造气剂（主要是有机物、碳酸盐等）受热分解，析出大量气体。据计算，熔化 100g 焊芯，焊条可析出 2500~5080cm^3 的气体，这些气体在药皮套筒中被加热膨胀，形成定向气流吹向熔池，也可起到机械保护作用。一般是用焊缝金属中的含氮量来衡量机械保护效果。目前，大多数焊条均可保证焊缝中氮的质量分数小于 0.014%，说明其保护是可靠的。

埋弧焊时，电弧在焊剂层下燃烧，属于熔渣保护。焊缝金属中氮的质量分数为 0.002%~0.007%，其机械保护效果优于焊条电弧焊。

真空电子束焊是在真空度高于 0.01Pa 的真空室内进行焊接，其保护效果最理想，可将氧和氮的有害作用减至最小。

自保护是利用含有脱氧剂和脱氮剂的特制焊丝进行焊接的。焊接时，脱氧剂和脱氮剂进入熔池与来自空气中的氧、氮化合，从而降低了焊缝中的氧、氮含量。由于没有附加的保护介质，故称为自保护。由于自保护的效果欠佳，焊缝金属的塑性与韧性偏低，故目前生产中很少采用这种方式。

这里还应指出，要获得与母材性能相同的焊缝金属，并不一定要求二者的化学成分完全一样。相反，如果主要成分完全一样，则往往不能保证二者的综合性能一致，而且会增加产生缺陷的敏感性。

二、焊接化学冶金反应区

与普通化学冶金过程不同，焊接化学冶金反应的特点之一是分区城（或阶段）连续进行的，而且各区的反应条件（反应物的性质和浓度、温度、反应时间、物质接触面积、对流和搅拌运动等）也有较大的差异，从而也就影响着反应进行的可能性、方向、速度和限度。

不同的焊接方法有不同的化学冶金反应区。焊条电弧焊有三个反应区，即药皮反应区、熔滴反应区及熔池反应区，如图 3-10 所示。其他焊接方法往往没有药皮反应区：熔化极气体保护焊只有熔滴反应区和熔池反应区；不加填充金属的气焊、钨极氩弧焊和电子束焊则只有熔池反应区。现以焊条电弧焊为例，说明各反应区的反应特点及相互联系。

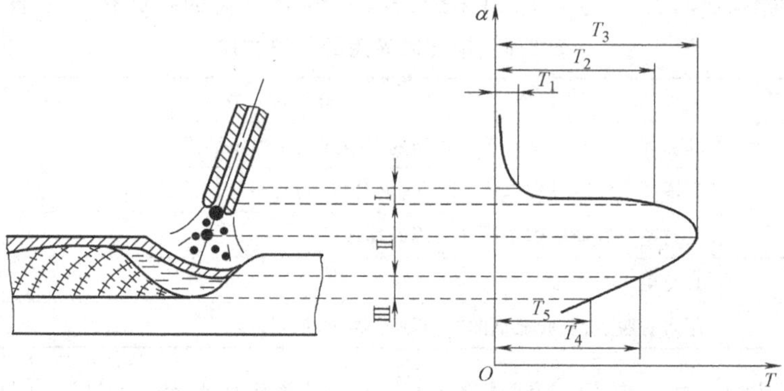

图 3-10　焊接化学冶金反应区的特性

Ⅰ—药皮反应区　Ⅱ—熔滴反应区　Ⅲ—熔池反应区

T_1—药皮开始反应温度　T_2—焊条端熔滴温度　T_3—弧柱间熔滴温度

T_4—熔池最高温度　T_5—熔池凝固温度

1. 药皮反应区

药皮反应区的温度范围为100℃至药皮的熔点（钢焊条约为1200℃）。药皮处于固态时，其组成物之间也会发生蒸发、分解与化合等物理化学反应。具体包括：药皮加热温度高于100℃时，水分开始蒸发；温度达到200～250℃时，药皮中的有机物（木粉、纤维素、淀粉等）开始分解，析出 CO_2 和 H_2 等气体；温度达到300～400℃时，药皮内一些组成物（如白泥、白云母、滑石等）中的结晶水和化合水开始蒸发；温度继续升高，药皮中的碳酸盐将发生分解，一些高价氧化物分解为低价氧化物，伴随产生大量的 CO_2 和 O_2 气体，其反应式为

$$MgCO_3 \rightarrow MgO + CO_2$$
$$CaCO_3 \rightarrow CaO + CO_2$$
$$2MnO_2 \rightarrow 2MnO + O_2$$
$$2Fe_2O_3 \rightarrow 4FeO + O_2$$

上述化学反应产生了大量的气体，一方面对熔池起到机械保护作用，另一方面对金属和药皮中的合金元素有很大的氧化作用。例如：

$$2Mn + O_2 = 2MnO$$

$$Mn + CO_2 = MnO + CO$$

$$Mn + H_2O = MnO + H_2$$

上述反应的结果是使气相的氧化性减弱，这就是所谓的“先期脱氧”。先期脱氧会明显降低焊接区气氛的氧化性。

表 3-7 中所列为使用不同焊条焊接时焊接区气氛的组成，表中数据是在高温时抽样后在常温下测定的结果，虽然与高温时有一定差异，但大体上可以反映焊接区高温时气氛的性质。

表 3-7　焊接区气氛的组成（体积分数,%）

药皮类型	CO	CO_2	H_2	H_2O
钛钙型	50.7	5.9	37.7	5.7
钛铁矿型	48.1	4.8	36.6	10.5
低氢型	79.8	16.9	1.8	1.5

注：焊条烘干条件为 110℃ ×2h。

药皮反应区的反应属于整个冶金过程的准备阶段。因为这一阶段的反应产物为熔滴和熔池阶段提供了反应物，所以它对整个焊接化学冶金过程和焊接质量有一定的影响。

2. 熔滴反应区

从熔滴形成、长大到其过渡到熔池中都属于熔滴反应区。熔滴反应区中除了液态金属外，充满了药皮反应区分解产生的气体与可能掺入的少量空气。同时，一部分熔化的药皮包围在熔滴表面，随熔滴一起过渡。

熔滴反应区的特点是：①温度高，是焊接区中温度最高的部分，达到了金属的沸点，约为 2800 ℃，熔滴的平均温度随焊接参数的不同，在 1800 ~ 2400℃ 的范围内变动；②熔滴的比表面积大，约为炼钢时的 1000 倍，因而与气相和熔渣的接触面积大；③作用时间短，熔滴在焊条末端停留的时间只有 0.01 ~ 0.1s，而通过弧柱区的时间更短，只有 0.0001 ~ 0.001s，故熔滴区的反应主要在焊条端部进行；④液体金属与熔渣发生强烈的混合。熔滴从形成、长大至过渡时，其尺寸与形状均在不断改变，其局部表面被拉长或压缩，使熔渣进入熔滴内部，增大了反应物的接触面积，有助于物质的扩散迁移，使反应速度加快。

以上特点显示，熔滴反应区是焊接冶金反应中最为激烈的部位。其中发生的主要物理化学反应有金属的蒸发、气体的分解与溶解、氧化物的分解、金属的氧化与还原等。其中一些反应已进行得相当完全，对焊缝金属的化学成分影响很大。

3. 熔池反应区

熔滴和熔渣落入熔池后，同熔化的母材混合或接触，与此同时，各相间进一步发生物理化学反应，直到金属凝固，形成焊缝金属。

熔池反应区的物理条件与熔滴反应区不同。熔池的平均温度较低，为 1600 ~ 1900℃；比表面积较小，为 3 ~ 130cm^2/kg；反应时间稍长些，但也不超过几十秒，如焊条电弧焊时通常为3~8s，埋弧焊时为6~25s。熔池的突出特点之一是温度分布极不均匀，因此，在熔池的头部和尾部，反应可以同时向相反的方向进行。例如，在熔池的头部发生金属的熔化，气体的吸收、并有利于吸热反应的进行；熔池的尾部则发生金属的凝固、气体的逸出，并有利于放热反应的进行（如金属的氧化）。此外，在气流和等离子流等因素的作用下，熔池将发生有规律的搅拌运动，这有助于加快反应速度，也为熔池中气体和非金属质点的外逸创造了有利条件。

熔池反应区的化学条件与熔滴反应区也有所不同。首先，熔池阶段系统中反应物的浓度与平衡浓度之差比熔滴阶段小，所以在其他条件相同的情况下，熔池中的反应速度比熔滴中小。其次，当药皮重量系数K_b（相同长度药皮与焊芯的质量比）较大时，与熔池金属作用的熔渣数量比与熔滴金属作用的熔渣数量多。因为K_b大时，必然有一部分熔渣直接流入熔池而不与熔滴发生作用，这就给冶金反应带来了影响。例如，用氧化型药皮焊条焊接，当K_b较小时，随着K_b的增大，硅在熔滴和熔敷金属中的含量都迅速减小，说明两者中硅的氧化损失都在增加；而当$K_b \geqslant 0.18$时，增大K_b，熔滴中硅的氧化损失趋于稳定，但熔池中的硅在继续减少，说明熔池被直接进入的熔渣继续氧化。也就是说，当K_b较大时，参与熔池反应的熔渣量随K_b的增大而增加，而此时参与熔池反应的熔渣量则保持稳定。再次，熔池反应区的物质是不断更新的，新熔化的母材、焊芯和药皮不断进入熔池的头都，凝固的金属和熔渣则不断地从熔池尾部退出反应区。在焊接参数一定的条件下，这种物质的更替过程可以达到稳定状态，从而可以得到成分均匀的焊缝。

根据上述熔池反应区的条件，可以得出以下结论：熔池反应区的反应速度比熔滴反应区低，且对整个化学冶金过程的贡献也比较小。合金元素在熔池阶段的氧化损失小于熔滴阶段就证明了这一点（表3-8）。但在某些条件下（如大厚度药皮），熔池反应区也会起到相当大的作用。

总之，焊接化学冶金过程是分区域连续进行的。在熔滴阶段进行的反应多数将在熔池阶段继续进行，但有些反应也会停止甚至改变方向。各阶段冶金反应的综合结果，决定了焊缝金属的最终成分。

表3-8　合金元素在不同阶段的损失

药皮	元素	元素损失占其原始含量的百分比(%)		
		总损失量	熔滴中的损失	熔池中的损失
赤铁矿 ($K_b=0.5$)	C	87.5	80	7.5
	Mn	97	97	0
	Si	98.3	98.3	0
大理石80%，氟石20%，($K_b=0.27$)	C	40	30	10
	Mn	47.2	29.2	18
	Si	75	47.5	27.5

❖在焊接冶金过程中，哪个反应区的反应最剧烈，对焊缝的化学影响最大？哪个反应区对焊缝金属的化学成分及其成分的均匀程度具有决定性作用？

三、焊接参数与焊接化学冶金过程的关系

焊接化学冶金过程的另一特点是此过程与焊接参数有密切的联系。在实际生产中，由于母材成分、产品结构尺寸、接头形式、焊缝分布等条件不同，焊接参数将在很大范围内变化，而这些变化将通过以下几方面影响焊接化学冶金过程及焊缝金属的化学成分。

1. 焊接参数对焊缝熔合比的影响

一般熔焊时，焊缝金属是由填充金属与局部熔化的母材组成的。当焊缝金属的熔合比发生变化时，其焊缝金属的成分必然随之改变。而焊接方法确定后，熔合比的大小与焊接参数有关。一般来说，熔合比随焊接电流的增加而增大，随电弧电压、焊接速度的增加而减小。假设焊接时合金元素没有任何损失，则焊缝金属中合金元素 B 的含量与熔合比的关系为

$$w_B = \theta w'_B + (1-\theta) w''_B$$

式中　w_B——元素 B 在焊缝中的质量分数；

w'_B——元素 B 在母材中的质量分数；

w''_B——元素 B 在焊条中的质量分数；

θ——熔合比。

此外，熔合比的大小还与接头形式、坡口角度、药皮和焊剂的性质等有关。

2. 焊接参数对冶金反应条件的影响

焊接参数与熔滴的过渡特性有很大关系，从而也会对冶金反应进行的完全程度产生影响。

试验表明，熔滴阶段的反应时间（熔滴存在的时间）随焊接电流的增大而变短，随电弧电压的增大而变长。因此，可以断定反应进行的完全程度将随电流的增大而减小，随电弧电压的增大而增大。例如，用 H08A 焊芯，药皮中含有质量分数为 50% 的硅砂和质量分数为 8% 的铝粉，为了避免空气的影响，焊接时用氩气作附加保护，在这样的条件下研究焊接参数与硅还原反应的关系，发现熔敷金属中的含硅量随着电弧电压的增大而增加（硅的还原反应时间增长），随焊接电流的增大而减少。

3. 焊接参数对参加冶金反应的熔渣量的影响

埋弧焊时，焊接参数的变化范围很宽，使焊剂熔化量的变化较大。焊接电流增大时，熔深加大，电弧伸入熔池内部，焊剂熔化量减少；电弧电压增大时，焊剂熔化量增加。焊剂熔化量的改变，意味着与液态金属作用的熔渣数量发生了变化，反应物的含量必然会影响产物的含量，最终将影响焊缝的化学成分。

焊条电弧焊时，焊接参数的变化范围很窄，又因为焊条药皮的质量是一定的，所以，焊接参数的变化对焊缝成分的变化影响不大。

由以上分析可知，影响焊缝金属成分的主要因素除焊接材料（包括焊条、焊丝、焊剂、气体等）外，就是焊接参数。焊接材料是焊缝金属的物质基础，它不仅影响着冶金过程，而且决定着焊缝的合金系统。而焊接参数则只能影响冶金反应的过程，不能改变焊缝的合金系统，而且焊接参数的调节还受诸多因素的限制。因此，调整焊接材料是控制焊缝成分的主要手段，而调节焊接参数只是辅助手段。

资料卡片

焊接化学冶金系统是一个复杂的高温多相反应系统。随焊接方法不同，组成系统的相也不同。例如，焊条电弧焊和埋弧焊时，系统内有三个相互作用的相——液态金属、熔渣和电弧气氛；气体保护焊时，主要是气体与金属相之间的相互作用；电渣焊时，主要是熔渣与金属之间的作用。多相反应的重要特点就是反应是在相界面上进行的。因此，反应的可能性、方向、速度及限度等，都将与热量的传递和物质的迁移有密切的关系，其影响因素十分复杂。

第四节 熔渣的成分、作用、分类及性质

一、熔渣的作用、成分和分类

熔渣是指焊接过程中焊条药皮或焊剂熔化后，在熔池中参与化学反应而形成的覆盖于熔池表面的熔融状非金属物质。它是焊接冶金反应的主要参与物之一，起着非常重要的作用。而焊后覆盖在焊缝表面的固态熔渣叫焊渣。

1. 熔渣的作用

熔渣在焊接过程中主要有以下三个作用。

（1）机械保护作用　焊接时形成的熔渣覆盖在熔池的表面上，可以将液态金属与空气隔离，阻止空气中的氧和氮侵入，防止处于高温的熔池金属受到空气的有害作用。例如，埋弧焊就是靠焊剂熔化形成的熔渣来保护焊缝金属的。

（2）改善焊接的工艺性能　在焊条药皮中加入适当的物质（如 K_2CO_3），可使电弧引燃容易、燃烧稳定、飞溅减小，保证良好的操作性、脱渣性、焊缝成形等。

（3）冶金处理　熔渣和液体金属之间发生的一系列物理化学反应，对焊缝金属的成分有很大影响。在一定的条件下，既可以去除熔池中的有害元素氧、硫、磷、氢等，还可以向焊缝金属过渡有益的元素。所以，通过熔渣可以在较大范围内调整和控制焊缝的成分。

2. 熔渣的成分和分类

根据熔渣的组成，可将其分为三大类。

（1）盐型熔渣　盐型熔渣主要由金属的氟盐、氯盐组成，如 CaF_2-NaF、CaF_2-$BaCl_2$-NaF等。这类熔渣的氧化性很弱，主要用于焊接铝、钛和其他活性金属及其合金。

（2）盐-氧化物型熔渣　盐-氧化物型熔渣主要由氟化物和强金属氧化物组成，如CaF_2-CaO-Al_2O_3、CaF_2-CaO-Al_2O_3-SiO_2 等。这类熔渣的氧化性也不强，主要用于焊接高合金钢及合金。

（3）氧化物型熔渣　氧化物型熔渣主要由各种金属氧化物组成，如 MnO-SiO_2、FeO-MnO-SiO_2、CaO-TiO_2－SiO_2 等。这类熔渣的氧化性较强，主要用于焊接低碳钢和低合金结构钢。

在以上三类熔渣中，盐-氧化物型熔渣及氧化物型熔渣应用广泛，而盐型熔渣主要用于焊接非铁金属及其合金。生产中常用的 E4303 型焊条的熔渣为氧化物型，E5015 型焊条的熔渣属于盐-氧化物型。

❖生产中，铝合金、45 钢钢板及不锈钢的焊接分别用的是哪种熔渣？

二、熔渣的性质

1. 熔渣的碱度

碱度是判断熔渣碱性强弱的指标，它与熔渣在焊接冶金过程中的行为密切相关，是熔渣的重要化学性能。焊接熔渣中的主要成分是各种金属和非金属氧化物，根据其化学性质可以分成三大类：

1）酸性氧化物：按酸性由强变弱的顺序有 SiO_2、TiO_2、P_2O_5 等。

2）碱性氧化物：按碱性由强变弱的顺序有 K_2O、Na_2O 、CaO、MgO、MnO、FeO 等。

3）中性氧化物：包括 Al_2O_3、Fe_2O_3、Cr_2O_3 等。这类氧化物是呈酸性还是碱性，取决于熔渣的性质，其在强酸性熔渣中常呈弱碱性，而在强碱性熔渣中则常呈弱酸性。

焊接熔渣中碱性氧化物质量分数的总和与酸性氧化物质量分数总和的比值，称为焊接熔渣的碱度（B），其表示式为

$$B = \Sigma \text{碱性氧化物的质量分数} / \Sigma \text{酸性氧化物的质量分数}$$

根据 B 值可以将熔渣分为酸性渣和碱性渣，$B > 1.3$ 时为碱性渣，$B = 1.3$ 为中性渣，$B < 1.3$时为酸性渣。酸性渣的焊条称为酸性焊条，碱性渣的焊条称为碱性焊条。两类焊条的冶金性能、焊接工艺性能以及焊缝的成分和性能都有显著的不同。

一般来说，除低氢型焊条和 HJ251 焊条的熔渣以外，其余焊条的熔渣都是酸性渣。把焊条和焊剂分为酸性和碱性两大类，依据的就是熔渣的碱度。

2. 熔渣的熔点

熔渣的熔点主要取决于其化学成分。熔点过高，熔渣与液态金属间的反应不充分，容易产生夹渣及压铁液现象，使焊缝成形变坏；熔点过低，则会使熔渣的覆盖性能变差，造成焊缝表面粗糙不平，并导致全位置焊接难以进行。一般焊接熔渣的熔点应比焊缝金属的熔点低 200 ~450℃，而药皮开始熔化的造渣温度则应比熔渣熔点高 100 ~200℃。

3. 熔渣的黏度

黏度表示流体内摩擦力的大小。熔渣的黏度对其保护效果、焊接操作、焊缝成形、熔池中气体的外逸、合金元素在熔渣中的残留损失及化学反应的活泼性都有很大的影响。

通常，熔渣的黏度越大，其流动性越差，必然会阻碍熔渣与液态金属之间化学反应的充分进行和气体从熔池金属中的逸出，从而在焊缝中形成气孔，并使焊缝成形不良；当熔渣黏度过小时，则其流动性过大，难以完全覆盖焊缝金属表面，导致空气易于进入，使保护作用丧失，造成焊缝成形和焊缝的力学性能变差，而且也给全位置焊接带来了困难。

熔渣的黏度随温度的上升而降低，但不同成分的熔渣，其黏度的具体变化规律有所不同。按照黏度随温度下降时变化率的不同，可将熔渣分为长渣与短渣。随温度降低黏度增加缓慢的，因为凝固所需的时间长，故称为长渣；随温度降低黏度迅速增加的则称为短渣。长渣和短渣的动力黏度-温度曲线如图 3-11 所示。在进行立焊或仰焊时，为防止熔池金属在重力的作用下流失，希望熔渣在较窄的温度范围内凝固，因而应选择短渣焊接；而长渣一般只适用于平焊位置。图 3-12 所示为常用焊条和焊剂的熔渣动力黏度-温度曲线，其中，E4303 和 E5015 焊条的熔渣均属于短渣，HJ431 焊条的熔渣则为长渣。

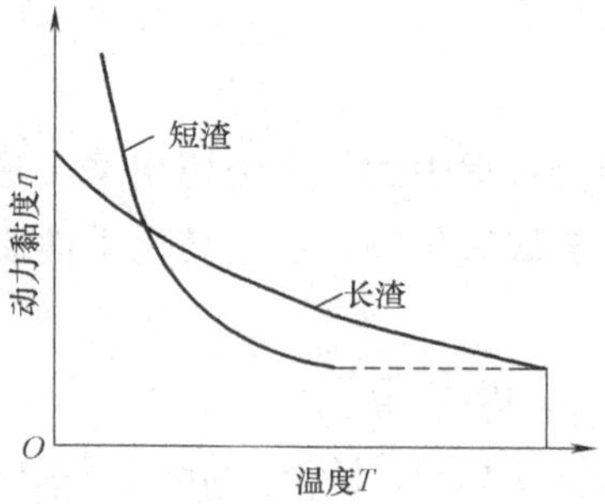

图 3-11　长渣和短渣的动力黏度-温度曲线

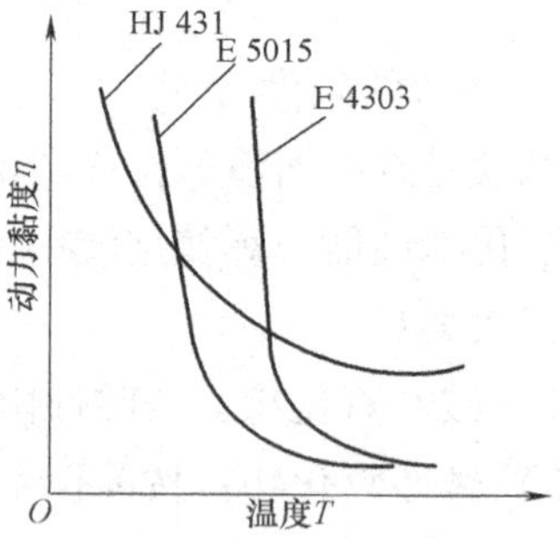

图 3-12　常用焊条和焊剂的熔渣动力黏度-温度曲线

熔渣的黏度与其组成成分有关。例如：熔渣中 SiO_2 的含量增加，则黏度提高；而在熔渣中加入 CaF_2、Al_2O_3，则黏度下降。

4. 熔渣的表面张力

表面张力也是熔渣重要的物理性能之一。熔渣的表面张力主要取决于它的结构和温度。一般具有离子键的物质，如 FeO、MnO、CaO、MgO、Al_2O_3 等，其表面张力较大；具有极性键的物质，如 TiO_2 和 SiO_2 等，其表面张力较小；而具有共价键的物质，如 B_2O_3、P_2O_5 等，其表面张力则最小。温度升高时，由于离子之间的距离增加，故熔渣的表面张力减小。

焊接时，熔渣与金属之间的冶金反应几乎完全是在界面上进行的，因此，熔渣的表面性质对冶金反应过程有很大的影响。熔渣的表面张力越小，则熔滴越细，熔渣的覆盖情况越好，表面张力就越小。当然，表面张力也不是越小越好。因为过小的表面张力，不利于实现全位置焊接，而且容易造成焊缝夹渣。熔渣中的表面活性物质对降低熔渣的表面张力有很大的好处。

三、熔渣对焊缝金属的氧化

活性的熔渣对焊缝金属的氧化有两种基本形式：扩散氧化和置换氧化。

1. 扩散氧化

焊接钢时，FeO 既熔于渣又熔于液态钢。在温度不变的情况下，当增加熔渣中 FeO 的含量时，它将向焊缝金属中扩散，使焊缝中的含氧量增加，这就是扩散氧化。在熔渣中 FeO 含量相同的情况下，碱性渣中的 FeO 大部分以自由状态存在，而 TiO_2 和 SiO_2 等酸性氧化物的含量较低，故容易向金属中扩散，造成焊缝增氧。正因为这样，在碱性焊条药皮中一般不加入含 FeO 的物质，并要求焊接时清除焊件表面上的氧化皮和铁锈，否则将使焊缝增氧，并可能产生气孔等缺陷。相反，在酸性渣中，TiO_2 和 SiO_2 等酸性氧化物的含量较高，它们能与 FeO 形成 $FeO \cdot SiO_2$ 等复合物，使自由 FeO 减少，因而扩散到金属中的 FeO 的量就会减少。但是实际情况是，由于碱性焊条药皮的氧化性弱，含 FeO 的量少，因此，碱性焊条的焊缝含氧量还是比酸性焊条少。

2. 置换氧化

如果熔渣中含有较多的易分解的氧化物，则其可能与液态铁发生置换反应，将铁氧化。这种使铁被氧化，同时使另一种元素被还原的过程称为置换氧化。例如，用低碳钢焊丝配合高硅高锰焊剂（HJ431）进行埋弧焊时，就会增加焊缝中的硅和锰，而使铁被氧化，生成的 FeO 大部分进入熔渣，少部分熔于焊缝中，从而使焊缝增氧。

除了上述的基本氧化形式外，焊接时，焊件表面的氧化皮、铁锈等氧化物都会对金属造成氧化，生成的 FeO 大部分进入熔渣，少部分进入焊缝，使焊缝增氧。

在进行低碳钢和低合金钢的埋弧焊时，常用高硅高锰焊剂配合低碳钢焊丝，尽管这样会使焊缝中的含氧量增加，但因硅、锰的含量也同时增加，所以，焊缝金属的性能仍能得到改善，可以满足使用性能的要求。

❖焊缝金属主要通过哪种方式被氧化？

第五节　有害元素对焊缝金属的作用及其控制

焊接过程中，焊接区内充满了大量气体。用酸性焊条焊接时，主要气体成分是 CO、H_2、H_2O；用碱性焊条焊接时，主要气体成分是 CO、CO_2；埋弧焊时，主要气体成分是 CO、H_2。

焊接区内的气体主要来源于以下几个方面：①为了保护焊接区域不受空气的侵入，人为地在焊接区域添加一层保护气体，如药皮中的造气剂（淀粉、木粉、大理石等）受热分解产生的气体、气体保护焊时采用的保护气体（CO_2、Ar）等；②用潮湿的焊条或焊剂焊接时析出的气体、保护不严而侵入的空气、焊丝和母材表面上的杂质（油污、铁锈、油漆等）受热产生的气体，以及金属和熔渣高温蒸发产生的气体等。

焊接时，不仅有益的合金元素被烧损，有害元素还会增加，因此，必须对有害元素加以控制。对低碳钢和低合金钢来说，焊缝中的有害元素主要有氢、氮、氧、硫和磷。

一、氢对焊缝金属的作用及其控制

1. 焊缝金属中氢的主要来源

焊缝金属中的氢主要来源于以下几个方面：

1）焊接材料未烘干，在施焊过程中水蒸气分解产生氢。

2）母材施焊前没有经过火焰烘烤，或者焊缝里面的浮锈没有被去除，而携带了结晶水，水分子分解就会产生氢。

3）进行 CO_2 气体保护焊时，如果 CO_2 的纯度不高，携带的水分含量超标，也会导致焊缝中产生氢。

高温下，上述物质将分解产生 H_2 分子，H_2 分子进一步分解为氢原子和离子，即

$$H_2 \rightleftharpoons 2H - 432.9\text{kJ/mol} \tag{3-1}$$

$$H_2 \rightleftharpoons H + H^+ + e - 1745\text{kJ/mol} \tag{3-2}$$

上述反应均为吸热反应。从热效应来看，按照式（3-1）进行分解的可能性更大。氢的分解度 α 随温度的升高而增大，其与温度的关系如图 3-13 所示。在弧柱区温度大于 5000K 的情况下，分解度可达到 90% 以上，氢主要以分子的形式存在。而在熔池尾部，温度仅为 2000K，氢则主要以分子形式存在并可以溶解在液态 Fe 中。

2. 氢的作用及其对焊接质量的影响

（1）氢与熔池中金属的作用　在碳钢和低合金钢中，氢不会形成稳定的化合物，而主要以原子（少量以离子）的形式溶解在熔池中，氢在铁中的溶解度与其在电弧气氛中的浓度（用分压 p_H 表示）、温度及金属的状态等因素有关。如图 3-14 所示，电弧气氛中的 p_H 增大，则溶入熔池中的 H 增加。氢在铁中的溶解度还随温度的升高而加大，如在 1350℃时，氢在固态铁中的溶解度是室温下的 10 倍左右。

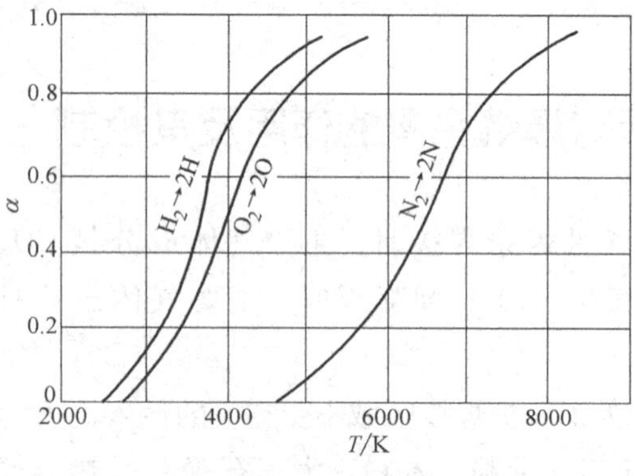

图 3-13　氢、氮和氧的分解度 α 与温度 T 的关系

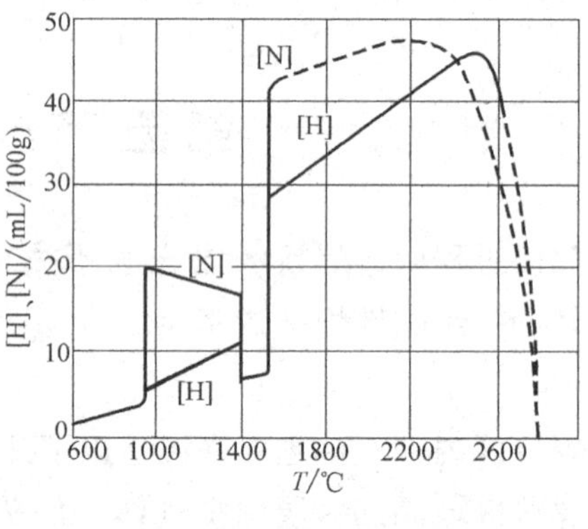

图 3-14　H_2、N_2 在铁中的溶解度与温度的关系

当金属的状态或结晶结构发生变化时，氢的溶解度会发生突变。当金属从固态转变为液态时，焊接熔池处于液态时吸收的氢会因凝固结晶速度很快，来不及逸出而被留在固态的焊缝金属中。钢焊缝中的氢是以 H、H^+ 的形式存在的，它们与焊缝金属形成间隙固溶体。由于氢原子及离子的半径很小，因此它们可以在焊缝金属的晶格中自由扩散，这一部分氢被称为扩散氢。当氢扩散到金属的晶格缺陷、显微裂纹或非金属夹杂物边缘的微小空隙中时，可以结合成氢分子，由于氢分子的半径大而不能自由扩散，故称这部分氢为残余氢。因为铁与氢不形成稳定氢化物，所以铁内扩散氢的含量约占总氢量的 80% ~90%，它对接头性能的影响比残余氢大。

焊缝金属中的含氢量是随焊后放置时间的延长而变化的。其规律是：焊后放置时间越长，扩散氢越少，残余氢越多，而焊缝中的总氢量在下降。这是因为氢的扩散运动使一部分扩散氢从焊缝中逸出，而另一部分则转变为残余氢，如图 3-15 所示。

（2）氢对焊接质量的影响　氢是还原性气体，它在电弧气氛中有助于减少金属的氧化。例如，氩弧焊焊接高合金钢时，在氩气中加入少量的氢可以改善焊接工艺性能。但是在大多数情况下，氢会产生许多有害作用。

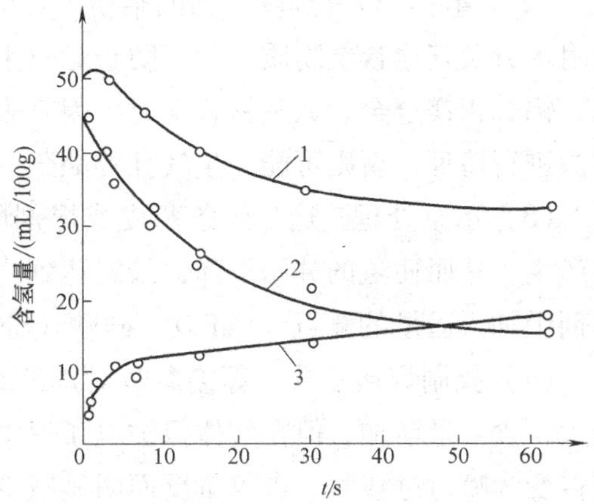

图 3-15　焊缝中的含氢量与焊后放置时间的关系

1—总含氢量　2—扩散氢　3—残余氢

1）造成氢脆。金属中因吸收氢而导致塑性严重降低的现象叫作氢脆性（或称氢脆）。氢脆对钢的力学性能的影响是特殊的。试验表明，氢使钢的塑性，特别是断面收缩率随含氢量的增加而显著下降；而对钢的屈服强度与抗拉强度的影响不明显，经过低温退火后，基本上可以恢复到渗氢前的性能。氢脆性往往是钢提前发生脆断的主要原因。

2）造成白点。对于碳钢或低合金钢焊缝，如果含氢量较多，则常常在其拉伸试件的断面上出现光亮的圆形局部脆性断裂点，称之为白点。白点的直径一般为 0.5～3mm，其周围为韧性断口，用肉眼即可辨认。在多数情况下，白点的中心有气孔或小的夹杂物。出现白点的焊缝，其塑性将大大下降，焊缝中的含氢量越高，出现白点的可能性就越大。白点是在塑性变形阶段产生的，如果预先对焊件进行消氢处理，则不会出现白点。其次，焊缝中的氢会使其硬度提高，这是由于氢在金属中形成间隙固溶体而导致晶格歪扭所致。

3）产生气孔。如果熔池中吸收了大量的氢，则在冷却凝固过程中，由于氢的溶解度突然下降，必然会发生氢由固态向液态聚集，而在液体中形成过饱和状态。这时，部分原子氢将结合为分子进而形成气泡，当气泡外逸速度小于结晶速度时，便会形成气孔。

4）产生冷裂纹。冷裂纹是在冷却到比较低的温度（一般在 300℃以下）或在室温放置一定时间后，在焊接接头中产生的裂纹，其危害性很大。而氢是促使冷裂纹形成的主要原因之一。

综上所述，氢对焊接质量的影响可以分为两种类型：一种是经过时效或热处理可以消除的，如氢脆，称其为暂态现象；另一种则是一旦出现便无法消除的，如气孔、裂纹等，称其为永久现象。

3. 控制氢的措施

实践表明，各种焊接方法均会使焊缝增氢，只是增氢的程度不同。焊条电弧焊时，用纤维素药皮焊条焊得的焊缝，其含氢量比母材高出 70 倍，只有采用低氢型焊条施焊时，焊缝的含氢量才比较低；CO_2 气体保护焊时，含氢量则最低。鉴于氢对焊接质量的严重危害，为了保证焊接质量，必须采取措施减少焊缝中的含氢量。

（1）限制焊接材料中氢的来源　在焊条药皮与焊剂的制造过程中，尽量选用不含或少含氢的原材料；使用焊条、焊剂前，必须对其进行烘干；存放焊接材料时，须加强防潮措施；不允许将焊条或焊剂长时间暴露在大气中；进行气体保护焊时，必须严格控制保护气体中的含水量，必要时须采取脱水或干燥等措施。

（2）清除焊件和焊丝表面的杂质　焊前应仔细清理焊件坡口和焊丝表面的铁锈、油污、吸附水分及其他含氢物质；为了防止焊丝生锈，目前许多国家都采用表面镀铜措施；在焊接铜、铝、铝镁合金、钛及钛合金时，因其表面常有氢氧化物薄膜，所以必须采用机械或化学方法进行清理，否则可能产生气孔等缺陷。

（3）冶金处理　通过焊条药皮或焊剂的冶金作用，改变电弧气氛的性质，抑制原子氢的产生，从而使氢的分压下降，最终达到降低氢在液态金属中溶解度的目的。通常在药皮和焊剂中加入适量的氟石（CaF_2）、硅砂（SiO_2），两者都具有较好的去氢效果。

（4）控制焊接参数　焊接参数对焊缝金属的含氢量有明显的影响。一般情况下，电流加大，含氢量增加。但在气体保护电弧焊中，当电流增大到一定值，熔滴过渡形式由颗粒过渡转变为喷射过渡时，含氢量反而明显减少。电流的种类和极性对含氢量的影响：采用交流焊接时，含氢量比用直流时高；采用直流正极性（焊件为正极）时，含氢量比反极性时高。

（5）焊后热处理　焊后加热焊件，促使氢扩散外逸，从而减少焊缝中含氢量的工艺称为脱氢处理。试验表明，焊后加热到350℃，保温1h，几乎可以将扩散氢全部排出。生产中的脱氢处理一般加热到300～400℃，保温1h。需要说明的是，随焊件焊后放置时间的延长，部分扩散氢将转变为残余氢，而残余氢是无法通过加热消除的。因此，焊后应立即对焊件加热，进行后热处理。

总的来说，对氢的控制应以预防为主。首先，应控制氢及水分的来源；其次，应通过冶金处理等防止氢溶入液态金属中；最后，氢一旦进入焊缝可进行焊后脱氢处理。

二、氮对焊缝金属的作用及其控制

1. 焊缝金属中氮的主要来源及其对焊缝金属的作用

焊缝金属中氮主要来自于焊接区域周围的空气。焊条电弧焊时，堆焊金属中约含有0.025%的氮。氮是提高焊缝金属强度、降低其塑性和韧性的元素，也是焊缝中产生气孔的主要原因之一。

空气是氮的主要来源，焊接区一旦受到空气的侵入，氮便会与金属发生作用。有些金属（如铜、镍、银等）不与氮发生作用，即使在高温熔化状态下也不溶解氮或与氮生成氮化物。因此焊接这类金属时，可用氮做保护气体。而铁、锰、钛、铬等金属既能溶解氮，又能与氮形成稳定的氮化物，因此，焊接这类金属及其合金时，必须防止焊缝金属的氮化。

氮在金属中的溶解反应为

$$N_2 = 2[N]$$

氮在金属中的溶解度与平衡时氮的分压的平方根成正比。即气相中氮的分压越大，其在金属中的溶解度越大。因此，降低气相中氮的分压可有效减少氮在金属中的含量。

氮在纯铁中的溶解度与温度的关系为：除γ-铁外，氮在铁中的溶解度随温度的升高而增大，因为这种溶解属于吸热反应。在2200℃时，氮的溶解度最大，达$47cm^3/100g$；升至铁的沸点附近时，氮的溶解度急剧降低，直至为零。这是因为金属大量蒸发，使气相中氮的分压显著下降所致。铁从液态转变为固态时，氮的溶解度突然下降70%～80%，析出的氮是形成焊缝中气孔的重要原因之一。

在铁熔液中加入C、Si、Ni会降低氮的溶解度，而加入V、Mn、Cr会提高氮的溶解度。

在高温时，氮分子分解为原子，但分解所需的能量比氢大。因而在温度相同时，氮的分解度比氢小，5000K时，其分解度不足10%。所以在焊接条件下，氮大部分是以分子形式存在的。

总之，氮以原子形式溶入金属，这些原子主要由氮分子分解产生，也有少量是由NO分解成N^+与电子中和而形成的。氮的溶解规律与氢相似。

2. 氮对焊接质量的影响

对于碳钢焊缝，氮是有害杂质，其不利影响如下。

（1）形成气孔　与氢相似，氮也是形成气孔的重要因素之一。这是由于液态金属在高温时可溶解大量氮，凝固结晶时氮的溶解度突然下降，过饱和的氮以气泡形式从熔池中逸出，当焊缝金属的结晶速度大于氮逸出的速度时，就会形成气孔。

（2）使焊缝金属时效脆化　这里所说的“时效”是指金属和合金（如低碳钢）从高温快速冷却或经过一定的冷加工变形后，其性能随时间改变的现象。一般而言，经过时效处理，金属的强度会有所提高，塑性、韧性则下降。

焊缝金属中过饱和的氮处于不稳定状态，随着时间的延长，过饱和的氮逐渐析出，形成稳定的针状氮化物Fe_4N，从而使焊缝金属的强度提高，塑性和韧性下降，特别是低温韧性急剧下降。

（3）降低焊缝金属的力学性能　氮是提高强度、降低塑性和韧性的元素。氮在α-Fe中的溶解度很小，仅为0.001%。如果熔池中含有较多的氮，则由于焊接时的冷却速度很大，一部分氮将以过饱和形式存在于固溶体中；另一部分氮则以针状氮化物Fe_4N的形式析出，分布在晶界和固溶体内，从而使焊缝金属的强度、硬度升高，而塑性和韧性急剧下降，如图3-16所示。若焊缝中氮的质量分数小于0.001%，则可不考虑其对焊缝金属力学性能的影响。

应当指出，氮不总是有害的，有时它可以作为合金元素加入钢中，如15MnVN钢。因为钢中的钒与氮形成稳定的VN，可抑制时效不良的现象；同时，经过正火或调质处理以后，VN以小颗粒弥散分布，可以提高钢的强度，而不降低其塑性和韧性。在铬镍钢或铬镍锰钢中，氮是能够提高奥氏体稳定性的合金元素，加入氮可达到节省镍的目的。

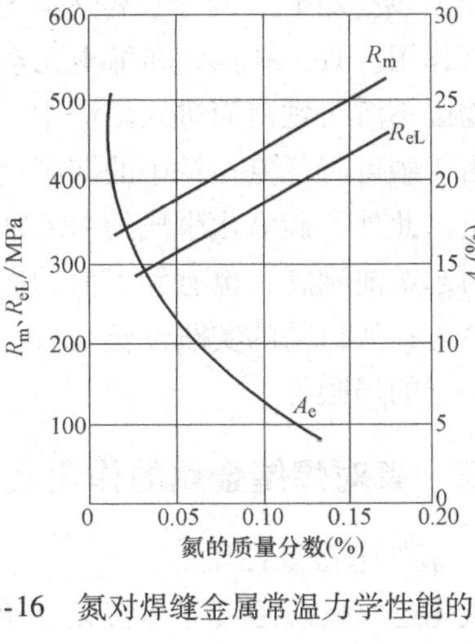

图3-16　氮对焊缝金属常温力学性能的影响

3. 控制氮的措施

为了消除氮的有害作用，达到控制氮的目的，一般可采取如下措施。

（1）加强对焊接区的保护　氮来自空气，故控制氮的主要措施是加强对焊接区的保护，防止空气与液态金属发生接触，从而减少焊缝金属中的氮、氧含量。目前，生产上对焊接区的保护措施主要有气体保护、熔渣保护、气渣联合保护和抽真空等。

1）气体保护。例如，气体保护焊时采用保护气体（CO_2、H_2、Ar）将焊接区域与空气隔离起来。

2）熔渣保护。在熔池金属表面覆盖一层熔渣，使其与空气隔离，如电渣焊、埋弧焊。

3）气渣联合保护。利用保护气体和熔渣同时对熔化金属进行保护，如焊条电弧焊。

各种焊接材料和焊接方法的保护效果是不同的，这大体可以从焊缝中的含氮量看出来，见表3-9。

表3-9 焊接材料和焊接方法对焊缝中含氮量的影响

焊接方法及材料	w_N(%)	焊接方法及材料	w_N(%)
光焊丝电弧焊	0.08～0.228	气焊	0.015～0.020
纤维素焊条	0.013	熔化极氩弧焊	0.0068
钛型焊条	0.015	药芯焊丝明弧焊	0.015～0.04
低氢型焊条	0.010	自保护合金焊丝	<0.12
埋弧焊	0.002～0.007	钛铁矿型焊条	0.011
CO_2 气体保护焊	0.008～0.015		

（2）控制焊接参数　焊条电弧焊时，电弧电压增大，说明电弧被拉长，空气侵入焊接区并与熔滴的接触机会加大，从而使焊缝金属中的含氮量增加。因此，采用短弧焊对减少含氮量有利。

增大焊接电流，可增加熔滴过渡频率，缩短熔滴与空气的作用时间，从而可减少焊缝中的含氮量。用直流反接时，可减少焊缝中的含氮量，这与降低氮离子的熔滴溶解度有关。在相同工艺的条件下，增大焊丝直径可使焊缝中的含氮量减少，这和熔滴变粗与空气接触面积减小有关。

在同样的焊接参数下，增加焊丝直径可使焊缝含氮量下降，这是由于熔滴变粗、比表面积变小、熔滴与气相接触面积减小所致。多层焊时，焊缝中的含氮量比单层焊时多。焊接速度则对焊缝含氮量的影响不大。

（3）冶金处理　对于已侵入焊缝中的氮，若能将其转化为稳定的氮化物，则可以降低其有害作用。Ti、Al、Zr和稀土元素对氮有较大的亲和力，易形成稳定的氮化物，而且这些氮化物因不溶于铁液而进入熔渣中。

由于碳可降低氮在铁中的溶解度，故可以在焊缝或药皮中增加碳含量，以减少焊缝中的含氮量。此外，碳氧化生成的CO和CO_2可加强对焊接区的保护作用和降低氮的分压。碳氧化时引起熔池沸腾，也有利于氮的逸出。

总之，从目前的实践经验来看，加强对焊接区的保护是控制氮的最有效措施，其他方法都有一定的局限性。

三、氧对焊缝金属的作用及其控制

1. 氧的来源及性质

氧化还原反应是贯穿焊接化学冶金过程的基本反应。在焊接化学冶金反应的各个阶段中，气相中的氧化性气体、氧化性熔渣、焊件坡口与焊丝表面的氧化物等，都对金属有氧化作用。为了抑制氧对焊接质量的不利影响，必须采取一定的措施防止氧进入焊缝金属。

氧既可溶解于铁中，又可与铁和钢中的合金元素形成氧化物。氧在铁中的溶解度与温度有关：温度越高，溶解度越大；反之，溶解度则急剧下降。在1600℃以上时，氧的溶解度为0.3%；在铁的凝固温度下，其溶解度降到0.16%；由δ-Fe转变为γ-Fe时，又降到0.05%；而在室温下，氧几乎不溶于铁中。因此，在焊缝中，氧主要以氧化物夹杂的形式存在，在低碳钢中则主要是铁的氧化物，而固溶于焊缝金属中的氧是极少量的。通常所说的焊缝含氧量是指溶解氧和化合氧之和。

2. 焊缝金属的氧化

（1）气相对焊缝金属的氧化　气相中的氧化性气体主要有O_2、CO_2、H_2O等，这些气体在高温下对金属有不同程度的氧化作用。焊接低碳钢及低合金钢时，主要考虑铁的氧化。高温（560℃以下）时，铁的氧化物主要是FeO。

1）自由氧对焊缝金属的氧化。焊条电弧焊时，药皮中的高价氧化物（Mn_2O_3、Fe_2O_3等）分解产生的氧和来自电弧周围空气中的氧可与Fe或合金元素直接作用，如

$$2Fe + O_2 = 2FeO$$

$$Fe + O = FeO$$

$$2Mn + O_2 = 2MnO$$

$$2C + O_2 = 2CO\uparrow$$

2）焊条电弧焊时，CO_2主要来自于药皮中碳酸盐的受热分解。而CO_2气体保护焊时，CO_2为保护气体。高温时，CO_2的分解如下

$$2CO_2 = 2CO + O_2$$

产生的氧气按上式氧化，总的反应式为

$$[Fe] + CO_2 = FeO + CO$$

CO_2分解反应的平衡常数随温度的升高而增大，所以，温度升高时，CO和O_2的含量均增加。故温度越高，CO_2对焊缝金属的氧化作用越强。

3）H_2O对焊缝金属的氧化。与CO_2相似，焊接区的水蒸气在高温下分解后也将对金属产生氧化作用，其分解式为

$$2H_2O = 2H_2 + O_2$$

$$H_2O = 2H + O$$

H_2O在高温下分解产生的O_2和O均对金属起氧化作用。因为在一定的温度下，CO_2比H_2O更容易分解，所以CO_2的氧化性比H_2O强。

（2）熔渣对焊缝金属的氧化　这里主要讨论焊接熔渣和焊件表面上的氧化物对焊缝金属的氧化。熔渣对焊缝金属的氧化有两个基本形式，即扩散氧化和置换氧化。

1）扩散氧化。FeO既可溶于熔渣，又可溶入液态铁，所以，FeO可以由熔渣向焊缝金属扩散而使焊缝增氧，这个过程叫作扩散氧化。即

$$(FeO) \rightleftharpoons [FeO]$$

式中　(FeO)——熔渣中的FeO；

[FeO]——焊缝金属中的 FeO。

上述过程是可逆的，当达到平衡状态时，熔渣中与焊缝金属中 FeO 含量的比值是常数，即

$$\frac{(FeO)}{[FeO]}=L$$

式中　L——分配常数。

上式为分配定律的表达式，其物理意义是：在一定温度下，FeO 在熔渣与熔池中的含量虽然可随 FeO 的总量而变化，但达到平衡时，两相中 FeO 含量的比值是定值。因此，在温度一定时，如果熔渣中 FeO 的含量增加，FeO 就会自动向熔池中扩散，以保持 L 值不变，从而使焊缝增氧。在焊接低碳钢时，焊缝金属的含氧量随熔渣中 FeO 含量的增加而直线上升，如图 3-17 所示。

L 值还与温度有关：温度升高时，L 减小；反之，L 则增大。即温度升高时，FeO 将由熔渣向熔池扩散，所以，在熔池前或熔滴反应区，FeO 将由熔渣向焊缝金属过渡，使焊缝增氧。

L 值也与熔渣的性质有关，在温度相同的条件下，碱性熔渣的 L 值小于酸性熔渣的 L 值。试验表明，当熔渣中 FeO 的含量相同时，碱性熔渣焊缝的含氧量比酸性熔渣焊缝的含氧量大，如图 3-18 所示。造成这一现象的原因除了与分配常数 L 的大小有关外，还与 FeO 在熔渣中的存在形式有关。

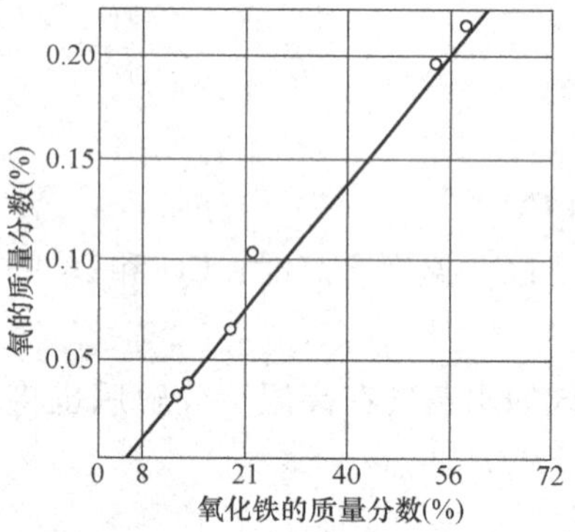

图 3-17　熔渣中 FeO 的含量与焊缝含氧量的关系

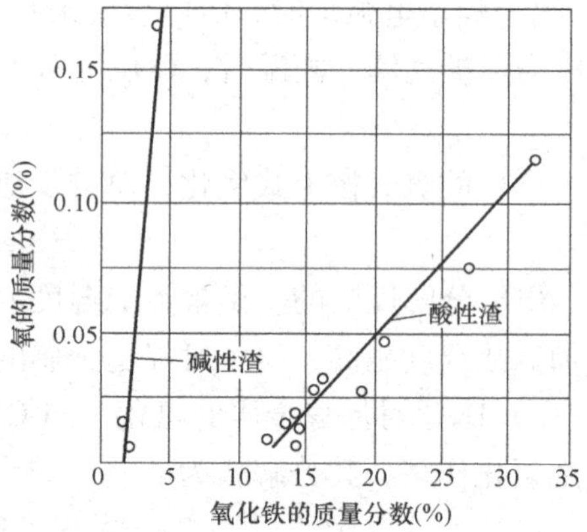

图 3-18　熔渣的性质与焊缝含氧量的关系

在冶金过程中，只有自由的 FeO 分子才能参加反应，而其形成复合盐之后就不能再扩散到熔池中。在碱性熔渣中，SiO_2、TiO_2 等酸性氧化物的含量较少，FeO 大部分以自由状态存在。在酸性熔渣中，因为有较多的酸性氧化物与 FeO 形成稳定的复合盐，FeO 以分子形式存在的情况很少，所以扩散到熔池中的 FeO 也比较少。

上述分析是以熔渣中 FeO 的含量相同为前提的。而在实际的碱性焊条或焊剂中，一般不使用含有 FeO 的原材料，又加入了较多的脱氧剂，并要求焊前仔细清理母材与焊丝表面的氧化皮和铁锈，从而保证了用碱性熔渣焊接的焊缝，其含氧量大大低于用酸性熔渣焊接的焊缝。

2）置换氧化。焊缝金属与熔渣中容易分解的氧化物发生置换反应而被氧化的过程称为置换氧化。例如，用低碳钢焊丝配合高锰高硅焊剂（如 HJ431）进行埋弧焊时，发生下列反应

$$(SiO_2)+2[Fe]\rightleftharpoons[Si]+2FeO$$

$$(MnO)+[Fe]\rightleftharpoons[Mn]+FeO$$

上述反应结果是使焊缝金属中锰和硅的含量增加，同时将铁氧化，生成的 FeO 部分进入熔渣，部分溶于焊缝金属中，使焊缝增氧。

上述反应的方向取决于温度和参加反应物质 SiO_2 和 MnO 的量。温度上升，反应向右进行，焊缝增氧。因此，置换氧化反应主要发生在熔池前和熔滴反应区；而在熔池后部，温度下降，反应式向左进行，已还原的硅和锰有一部分又被氧化。但是在熔池的后部，由于温度低，反应速度减慢，所以总的来看，焊缝中氧、硅、锰的含量都是增加的。此外，只有当 SiO_2 和 MnO 的含量都较高时，反应才向右进行。

尽管上述反应的结果是使焊缝的含氧量增加，但因锰和硅的含量也同时增加，所以，焊缝金属的性能不仅不会下降，反而得到了改善，抗裂性也有所提高。因此，高锰高硅焊剂与低碳钢焊丝匹配的方法被广泛用于焊接低碳钢和低合金钢。但是，在焊接中、高合金钢和合金时，这种情况是不允许的。因为焊缝中的含氧量和含硅量增加，会使其力学性能，尤其是低温冲击韧性显著变差。所以，为了抑制硅的还原，有时要求焊条药皮或焊剂中完全不加 SiO_2，并且不用含硅酸盐的粘结剂。

（3）焊件表面氧化物对焊缝金属的氧化　焊接时，焊件表面的铁锈及氧化皮都对金属有氧化作用。铁锈在高温下的分解式为

$$2Fe(OH)_3=Fe_2O_3+3H_2O$$

分解出来的水汽进入气相，增加了气相的氧化性，而 Fe_2O_3 和液态铁发生如下反应

$$Fe_2O_3+[Fe]=3FeO$$

氧化铁皮的主要成分是 Fe_3O_4，它与铁发生如下反应

$$Fe_3O_4+[Fe]=4FeO$$

反应生成的 FeO 部分进入熔渣，部分进入焊缝使之增氧。因此，焊接前应清理焊件坡口边缘及焊丝表面的氧化皮及油污。

3. 氧对焊缝质量的影响

焊缝金属中的含氧量增加，会使焊缝金属的成分与性能发生变化。

（1）影响焊缝金属的力学性能　氧在焊缝中无论以何种形式存在，对焊缝金属的力学性能均有明显影响。随着焊缝中含氧量的增加，其强度、塑性及韧性都下降，而冲击韧度的降低尤其显著，如图 3-19 所示。

氧还会引起热脆性、冷脆性和时效硬化。此外，氧还会使焊缝的导电性、导磁性和耐蚀性下降。

（2）导致气孔产生　熔池中的氧与碳反应，生成不溶于金属的 CO，如在熔池结晶时产生的 CO 气泡来不及逸出，则会在焊缝中形成 CO 气孔。

（3）烧损有益元素与破坏电弧稳定性　氧使有益的合金元素烧损，使焊缝的力学性能

达不到母材的水平。当熔滴中氧和碳的含量较多时，它们将相互作用生成 CO 受热膨胀，使熔滴爆炸，造成飞溅，从而影响焊接过程的稳定性。

但应指出，在一定的条件下，氧也有其有利的一面。例如，在铸铁冷焊中，为了烧掉多余的碳，可有意识地在药皮中加入氧化剂，以达到改善焊接工艺性能和焊缝金属成分的目的。

4. 焊缝金属的脱氧

对焊接区域进行保护，防止空气和熔化金属发生接触是控制焊缝金属中含氧量的重要措施，但这不能从根本上解决问题，因为氧还可以通过许多其他渠道进入焊缝中。事实上，要彻底堵塞这些渠道是不可能的，因此目前只能采取措施对已进入熔化金属中的氧进行脱氧处理。

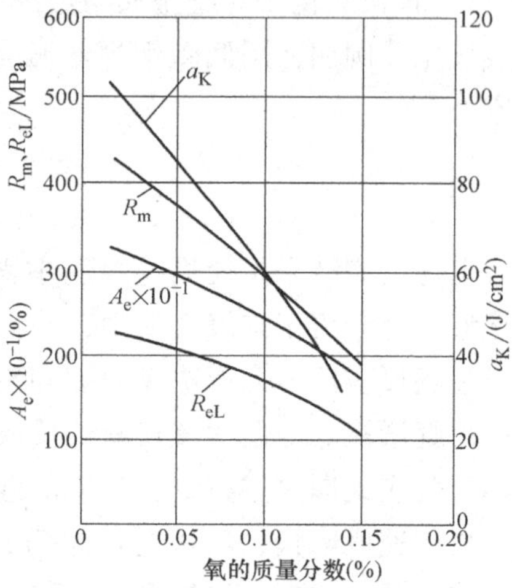

图 3-19　氧对低碳钢焊缝力学性能的影响

脱氧反应贯穿于整个冶金过程，熔渣对熔池的脱氧形式有两种，即沉淀脱氧与扩散脱氧。

（1）沉淀脱氧

1）沉淀脱氧的实质。所谓沉淀脱氧，是指在焊芯、药皮或焊丝中加入某种元素，使其在焊接过程中被氧化，从而保证被焊金属及其合金元素不被氧化或将已被氧化的金属还原出来。这种用来脱氧的元素称为脱氧剂。脱氧剂通常以纯金属或铁合金形式加在焊条药皮或焊剂中。

沉淀脱氧的一般反应式为

$$m[\mathrm{FeO}]+n[\mathrm{Me}]\rightleftharpoons(\mathrm{Me}_n\mathrm{O}_m)+m[\mathrm{FeO}]$$

式中　Me——脱氧剂。

脱氧的目的是使［FeO］减少，使反应式向右进行。为此，应适当增加脱氧剂的用量，并设法减少熔渣中脱氧产物 $\mathrm{Me}_n\mathrm{O}_m$ 的含量。因此，在焊条药皮或焊剂配方中，应尽可能少用或不用脱氧产物作为原材料。

2）对脱氧剂的基本要求。为了使上述脱氧反应顺利进行，所选的脱氧剂必须满足以下要求：

① 脱氧剂在焊接温度下对氧的亲和力应大于被焊金属对氧的亲和力。例如，焊接低碳钢或低合金钢时，按照与氧亲和力大小的顺序，常用的脱氧剂有碳、铝、钛、锰、硅等。在其他条件相同的情况下，元素对氧的亲和力越大，其脱氧效果越好。

② 脱氧产物不溶于液态金属，并且它们的密度应比液态金属小。应当指出，脱氧产物如果处于固态，则容易形成夹杂；若处于液态，则由于其在液态金属中容易聚集长大并浮到熔渣中去，故可提高脱氧效果。因此，脱氧产物的熔点应低于焊缝金属的熔点。

③ 脱氧剂本身应对焊缝金属的性能及焊接工艺性能无有害作用，且其中硫、磷等杂质的含量要低。

3）脱氧过程。考虑到焊接低碳钢和低合金钢时，最常用的脱氧剂是锰和硅，下面介绍锰和硅的脱氧过程，以及脱氧剂的选用与熔渣酸碱性的关系。

① 锰的脱氧。在药皮中加入适量的锰铁或焊丝中含有较多的锰，可以起到脱氧的作用，即

$$[Mn]+[FeO]=[Fe]+(MnO)$$

脱氧产物 MnO 不溶于液态金属而进入熔渣。为使反应顺利进行，希望自由的 MnO 分子不断减少。MnO 为碱性氧化物，能够与酸性氧化物形成稳定的复合盐，因此，锰在酸性熔渣中的脱氧效果最好。在酸性焊条（如 E4303）药皮中，主要用锰做脱氧剂。

② 硅的脱氧。在焊条药皮或焊剂中加入硅铁，也可起到脱氧的作用。其脱氧反应式为

$$[Si]+2[FeO]=2[Fe]+(SiO_2)$$

SiO_2 为酸性氧化物，其在碱性熔渣中可与 CaO、MnO 等碱性氧化物形成复合盐。所以，硅在碱性熔渣中的脱氧效果最好。

可见，选用脱氧剂时，除必须满足上述三项要求外，还应考虑熔渣对脱氧反应的影响，即要求脱氧产物的酸碱性与熔渣相反。因此，酸性焊条一般用锰做脱氧剂；碱性焊条用钛、硅做脱氧剂，而不单独用硅进行脱氧。

③ 硅锰联合脱氧。对于钢来说，单元素脱氧产物的熔点都比铁高（表 3-10）。可见，单独用锰、硅、钛等脱氧时，形成夹杂的可能性比较大。而复合物的熔点比较低，密度也比铁小得多。所以，同时采用几种元素做脱氧剂，即联合脱氧，则其脱氧产物会相互作用而形成熔点低、密度小的复合物，对消除夹杂是很有利的。焊接低碳钢时，常采用硅锰联合脱氧。

表 3-10 几种化合物的熔点和密度

化合物	FeO	MnO	SiO_2	TiO_2	Al_2O_3	$(FeO)_2\cdot SiO_2$	$MnO\cdot SiO_2$	$(MnO)_2\cdot SiO_2$
熔点/℃	1370	1585	1713	1825	2050	1205	1270	1326
密度/(g/cm^3)	5.8	5.11	2.26	4.07	3.95	4.3	3.6	4.1

（2）扩散脱氧　当温度下降时，原先溶解于熔池中的 FeO 会不断地向熔渣中扩散，从而使焊缝中的含氧量下降，这种脱氧方法称为扩散脱氧。如果熔渣中有强酸性氧化物 SiO_2、TiO_2 等，则它们会与 FeO 生成复合物，其反应式为

$$(SiO_2)+(FeO)=(FeO\cdot SiO_2)$$

$$(TiO_2)+(FeO)=(FeO\cdot TiO_2)$$

上述反应的结果是使熔渣中的自由 FeO 减少，这就促使熔池金属中的 FeO 不断地向熔渣中扩散，从而使焊缝金属中的含氧量得以减少。

酸性熔渣中含有较多的 SiO_2 和 TiO_2，所以其脱氧方法主要是扩散脱氧。但是在焊接条件下，由于熔池的冷却速度快，熔渣和液体金属相互作用的时间短，扩散脱氧进行得很不充分。因此，用酸性焊条（剂）焊成的焊缝，其含氧量还比较高，焊缝金属的塑性和韧性也比较低。

综上所述，焊缝金属的脱氧过程是由先期脱氧、沉淀脱氧和扩散脱氧构成的，它们贯穿

于整个焊接冶金反应过程始终。但是，酸、碱性熔渣脱氧的程度各不相同，酸性熔渣比碱性熔渣更有利于扩散脱氧。但是，因为碱性药皮对 FeO 的含量限制严格，所以总的来说，碱性焊条焊缝的含氧量远远低于酸性焊条焊缝的含氧量。其次，用脱氧剂脱氧的效果比扩散脱氧好得多，所以用碱性焊条施焊的焊缝，其含氧量比用酸性焊条施焊时要低，塑性、韧性相应得到了提高。因此，碱性焊条常用来焊接合金钢及重要的焊接结构。

四、焊缝金属中硫的危害及其控制

1. 硫的来源

硫是焊缝中常见的有害元素之一。它能促使焊缝金属产生热裂纹，降低焊缝金属的冲击韧度和耐蚀性，并能促使其产生偏析。焊接厚板时，硫还会引起层状撕裂。焊缝中的硫主要来自于母材、焊丝（或焊芯）、药皮或焊剂的原材料。焊接时，这些原材料中的大部分硫将进入焊缝金属中。

硫通常以两种形式存在于焊缝中，即 MnS 和 FeS。MnS 几乎不溶于液态铁，其在焊接冶金过程中可以浮到熔渣中去，使焊缝脱硫。因此，MnS 对焊缝金属力学性能的危害较小。而当硫以 FeS 的形式存在时是最有害的。因为 FeS 与铁在液态下可以无限互溶，而在固态时，其溶解度则急剧下降（仅为0.015%～0.020%）。所以在熔池结晶时它容易发生偏析，以低熔点共晶 Fe + FeS（熔点为985℃）或 FeS + FeO（熔点为940℃）的形式呈片状或链状分布于晶界上。这样就增加了焊缝产生结晶裂纹的倾向，同时还会降低焊缝金属的冲击韧度和耐蚀性。在焊接合金钢，尤其是高镍合金钢时，硫与镍形成 NiS，而 NiS 又与镍形成熔点为644℃的 NiS + Ni 共晶物。所以产生结晶裂纹的倾向更大，危害更严重。当焊缝金属中的含碳量增加时，会促使硫发生偏析，从而增加其危害。因此，一般在低碳钢焊缝中，应将硫的质量分数控制在0.035%以下，合金钢焊缝中硫的质量分数应小于0.025%。

2. 硫的控制

（1）控制硫的来源　控制硫的来源，是指对母材、焊丝（或焊芯）、药皮中的硫加以严格控制。在国家标准中，对焊接用结构材料和焊丝（焊条）用钢的含硫量都作了明确的规定。

在药皮和焊剂的原材料，如钛铁矿、锰矿、锰铁等中，常含有一定量的硫，而且其含量的变化幅度较大，对焊缝金属的含硫量有很大的影响，应严格加以控制。当药皮中某些组成物的含硫量过高时，可预先进行焙烧处理，见表3-11。在对硫的控制要求得更严格时，可把原材料再提纯。

表3-11　药皮组成物的焙烧处理

材料	原硫的质量分数(%)	处理方法	处理后硫的质量分数(%)
TiO_2	0.14	1000℃焙烧25～30min	0.07
CaF_2	0.32	焙烧	0.13

（2）冶金处理　硫是活泼的非金属元素之一，其在焊接条件下能与很多金属或非金属生成液态或气态硫化物。脱硫反应的实质就是用某种元素与溶解在熔池中的硫（或硫化物）

生成在液态金属中不溶解的产物，使其进入熔渣或经熔渣逸出。

常用的脱硫剂是锰，其反应式如下

$$[Mn]+[FeS]=(MnS)+[Fe]$$

MnS 几乎不溶于铁液而进入熔渣。这个反应是放热反应，故降低温度有利于脱硫。因此，熔池尾部有利于脱硫的进行。但由于冷却速度大，反应进行得不充分，因此需要加大熔池中的含锰量，才能得到较好的脱硫效果。

焊接时还常采用碱性氧化物脱硫，其反应式如下

$$(MnO)+[FeS]=(MnS)+(FeO)$$

$$(CaO)+[FeS]=(CaS)+(FeO)$$

生成的 MnS 和 CaS 直接进入熔渣中，由反应式可知，增加熔渣中 CaO 和 MnO 的含量或减少 FeO 的含量，都有利于反应的顺利进行。由此可知，酸性熔渣的脱硫能力比碱性熔渣差得多，增加熔渣的碱度可以提高脱硫能力。但是在实际焊接条件下，目前常用的焊条药皮和焊剂的碱度都不是很高，其脱硫能力有限。近年来的研究表明，稀土金属可以脱硫和改变硫化物在钢中的分布形态，提高金属性能，但是，稀土在焊接中的应用研究很少。开展这方面的工作对于解决焊接时的脱硫问题是很有前途的。因此，目前限制硫的来源是控制焊缝中含硫量的主要措施。

五、焊缝金属中磷的危害及其控制

1. 磷的来源及危害

磷也是焊缝中常存的有害元素之一。磷会增加钢的冷脆性，大幅度地降低焊缝金属的冲击韧度，并使脆性转变温度升高。焊接奥氏体类钢或当焊缝中的含碳量较高时，磷还会促使焊缝金属产生热裂纹。

磷在液态金属中以 Fe_2P 和 Fe_3P 的形式存在，它们会与铁、镍形成低熔点共晶（Fe_3P+Fe，熔点为 1050℃）。磷加入铁中扩大了固相线与液相线之间的距离，所以含磷的铁合金在从液态转变为固态的过程中，含磷较多（熔点较低）的铁液将聚集在枝晶之间，造成偏析，从而削弱了晶间结合力。因此，磷将降低钢的冲击韧度，特别是低温冲击韧度。焊接时，应对焊缝金属中的含磷量加以严格控制，低碳钢和低合金钢焊缝中要求磷的质量分数小于 0.045%，高合金钢焊缝要求磷的质量分数小于 0.035%。

磷在钢中除了有害作用外，还有其有益的一面，例如，它可以提高钢的耐大气、耐海水腐蚀的能力，改善钢的切削加工性能，增加金属的流动性等，所以某些耐蚀钢、易切削钢、弹簧钢、铸铁和铜合金中应含有一定量的磷。

2. 控制磷的措施

（1）限制磷的来源　为了减少焊缝中的含磷量，首先必须严格限制母材、填充金属、焊条药皮和焊剂中的含磷量。药皮和焊剂中的锰矿往往是导致焊缝增磷的主要原因。锰矿中通常含有质量分数为 0.20%～0.22% 的磷，以 $(MnO)_3\cdot P_2O_5$ 的形式存在。焊接时，磷通过下面的反应过渡到熔池中

$$(MnO)_3 \cdot P_2O_5 + 11[Fe] = 3(MnO) + 2[Fe_3P] + 5(FeO)$$

此反应为吸热反应，因此在熔池的前部，有利于磷向熔池过渡。可见，减少焊剂或药皮中的含磷量是控制焊缝含磷量的主要途径，如图 3-20 所示。

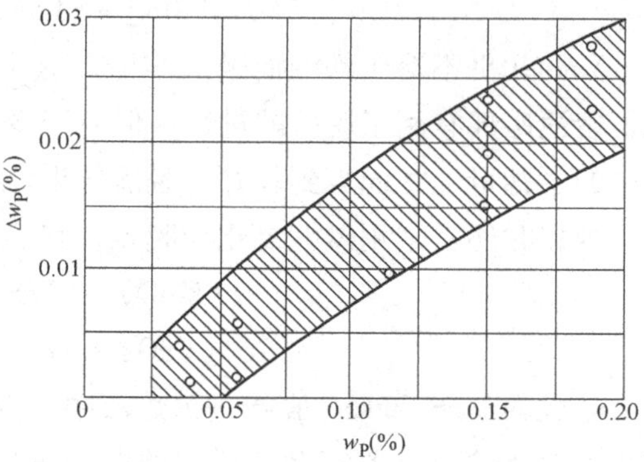

图 3-20　焊缝中磷的增量 Δw_P 与焊剂中磷的质量分数 w_P 的关系

（2）冶金处理　为了减小磷的危害，必须进行脱磷处理。磷对氧的亲和力比铁大，因此，当熔渣中存在适量的 CaO 和 FeO 时，既可使磷氧化，又可使反应产物转变为稳定的复合化合物进入熔渣，从而达到脱磷的目的。

脱磷反应可分为两步进行；第一步是将磷氧化成 P_2O_5；第二步是使其与熔渣中的碱性氧化物 CaO 生成稳定的复合物进入熔渣。其反应式为

$$2Fe_3P + 5FeO = P_2O_5 + 11Fe$$

$$P_2O_5 + 3CaO = (CaO)_3 \cdot P_2O_5$$

$$P_2O_5 + 4CaO = (CaO)_4 \cdot P_2O_5$$

根据上述反应式可知，增加熔渣中自由 CaO 和 FeO 的含量，可以减少焊缝中的含磷量。

由于碱性熔渣中含有较多的 CaO，同时碱性焊条药皮中含有 CaF_2，它对脱磷产物有稀释作用，这些都对脱磷有一定的促进作用。但是，碱性熔池中不允许含有较多的 FeO，否则会使焊缝增氧，甚至产生气孔。因此，碱性焊条脱磷并不理想。

酸性焊条熔渣中虽含有较多 FeO，有利于脱磷，但是含有的自由 CaO 和 MnO 较少，所以其脱磷能力比碱性焊条更差。

实际上，不论是碱性熔渣还是酸性熔渣，其最终的脱硫、脱磷效果都不理想。所以，目前要控制焊缝中的硫、磷含量，只能采取限制原材料（母材、焊条、焊丝）中硫、磷含量的方法。

第六节　焊缝金属的合金化

一、焊缝金属合金化的目的

1. 补偿焊接中由氧化和蒸发引起的合金元素的损失

在焊接高温及活性气体保护的条件下，会由于蒸发与氧化，使某些有益的合金元素的含量降低。所以，必须通过焊接材料予以补偿，以保证焊缝金属的成分和性能达到技术要求。

2. 消除某些焊接工艺缺陷，改善焊缝金属的组织及力学性能

例如，焊接低碳钢时，为了消除因硫引起的热裂纹，需要向焊缝金属中过渡锰。通常情况下，若焊缝中锰的质量分数不小于 0.6%，则可以消除硫的危害。再如，焊接某些结构钢时，为了细化焊缝金属的晶粒，提高其韧性，常向焊缝过渡钛、铝、钼等合金元素。

3. 获得具有特殊性能的堆焊层

在某些工作条件下，对零部件的表面有特殊要求。例如，要求切削刀具、热锻模、轧辊、阀门等的表面具有耐磨性、热硬性、耐热性或耐蚀性。为了节约贵重的合金钢材料，同时获得更好的综合力学性能，生产中常采用堆焊的方法，即通过焊接材料向堆焊层过渡一些母材中所没有的合金元素，如 Cr、Mo、W、Mn 等，从而获得具有预期的特殊性能的表面层。

二、焊缝金属合金化的方式

1. 采用合金焊丝或带状电极

这种方式是把所需要的合金元素加入焊丝或带状电极内，配合低氧、无氧焊剂进行焊接或堆焊，从而使合金元素过渡到焊缝中去。这种方式的优点是合金元素的过渡效果好，焊缝（或堆焊层）金属成分稳定、均匀，制造工艺也比较简单、可靠。但是，某些金属材料，如硬质合金不宜于轧制与拔丝，故不能采用这种方法。

2. 应用药芯焊丝或药芯焊条

药芯焊丝的结构是各式各样的，常用的是一种比较简单的具有圆形截面、外皮用普通低碳钢钢带卷制而成的圆管，里面充满铁合金与纯铁粉的混合物，这种药芯焊丝也叫管状焊丝。埋弧焊时，它可与普通熔炼焊剂配合使用。焊条电弧焊时，可在药芯焊丝的外面涂上一层碱性药皮，制成药芯焊条。药芯焊丝也可进行气体保护焊。

药芯焊丝是目前最有效的过渡合金元素的方法之一，近年来发展得比较快，且生产中的需求量也十分大。其优点是药芯中各种合金元素的比例可以任意调整，从而可以得到任意成分的焊缝金属或堆焊层，合金的损失比较少。其缺点是不易制造，药芯成分的混合不易达到均匀，因而焊缝的成分也不够均匀。

3. 采用普通焊丝配以含有合金元素的焊条药皮或焊剂

这种方式是把需要的合金元素以纯金属或铁合金的形式加到焊条药皮或非熔炼焊剂（如粘结焊剂）中，焊接时合金元素由熔渣过渡到熔滴或熔池中。它的优点是简单方便、制造容易，但由于氧化损失较大并有一部分残留在熔渣中，故合金元素的利用率较低。当采用粘结焊剂进行埋弧焊时，焊缝金属的成分受焊接工艺，尤其是电弧电压的影响比较大，焊接参数的波动易造成焊缝成分不均匀。

4. 采用合金粉末

这种方式是将所需要的合金按比例配制成具有一定颗粒度的粉末，把它输送到焊接区，或者直接撒在被焊件表面或坡口内，在热源作用下，合金粉末与金属熔合后就形成了合金化的焊缝或堆焊层金属。其优点是不必经过轧制、拔丝等工序制作合金粉末，合金比例可任意配制，合金元素的损失不大；缺点是焊缝金属成分的均匀性稍差。

上述合金过渡的方式，在实际生产中可根据具体条件和要求来选择，有时可以同时采用两种方式。

资料卡片

从金属氧化物中还原金属的方法也可以用作焊缝金属合金，如用高硅高锰焊剂进行埋弧焊时，发生硅锰还原反应，使焊缝中增硅、锰。但这种方式可以过滤的元素种类有限，过滤量也不高，同时还会造成焊缝增氧。

三、合金元素的过渡系数及其影响因素

1. 合金元素的过渡系数

在焊缝金属合金化的过程中，所加入的合金不是全部过渡到焊缝金属中，而是有一部分损失。为了说明合金利用率的高低，需要引入过渡系教的概念。所谓过渡系数，是指焊接材料中的合金元素过渡到焊缝金属中的数量与其原始含量的百分比。其表达式如下

$$\eta_x = \frac{[\chi]_d}{[\chi]_o} \times 100\%$$

式中　η_x——合金元素的过渡系数；

$[\chi]_d$——熔敷金属中元素χ的实际含量，即由焊接材料过渡到焊缝中的合金元素χ的含量；

$[\chi]_o$——元素χ在焊接材料中的原始含量，应为χ元素在焊丝与药皮（或焊剂）中的原始含量之和。

合金元素的过渡系数η可以通过试验测定。若η为已知，则可根据焊条中合金元素的原始含量（可根据焊芯及药皮成分、药皮重量系数计算），事先估算出焊缝金属的成分。另外，也可根据焊缝成分的要求，预先算出焊条中合金的加入量，然后通过试验加以校正。

通过药皮、焊剂、焊丝或药芯进行合金化时，合金元素的分配关系可以写作以下形式

$$M_w = M_o - (M_u + M_{ox})$$

式中　M_w——从焊接材料中过渡到焊缝中的合金元素量；

M_o——合金元素在焊接材料中的原始含量；

M_u——残留在熔渣中的自由合金元素量；

M_{ox}——被氧化（或由于其他反应损失的）元素量。

显然，凡是能使熔渣中残留量和氧化损失量下降的因素，都可以提高合金元素的过渡系数。

2. 影响过渡系数的因素

（1）合金元素对氧的亲和力　不同合金元素的过渡系数与其对氧的亲和力有密切关系。合金元素对氧的亲和力越大，其过渡系数越小；反之，过滤系数增大。通常情况下，合金元素过渡系数由大到小的顺序与其对氧的亲和力由小到大的顺序大体一致。在1800℃左右，合金元素对氧的亲和力的顺序从大到小的排列为：

$$\underrightarrow{Al \rightarrow Zr \rightarrow Mg \rightarrow C \rightarrow B \rightarrow Ti \rightarrow Si \rightarrow V \rightarrow Mn \rightarrow Nb \rightarrow Cr \rightarrow Fe \rightarrow Mo \rightarrow W \rightarrow P \rightarrow S \rightarrow Co \rightarrow Ni \rightarrow Cu}$$

对氧的亲和力从大到小

其中，与氧亲和力最小的Ni、Cu在大多数情况下可认为$\eta \approx 1$。不同介质条件下，几种合金元素的过渡系数见表3-12。

当用几种合金元素同时进行合金化时，只有在无氧的条件下，才可以认为其中各种元素的过渡是彼此无关的。在有氧的情况下，其中对氧亲和力大的元素保护了对氧亲和力小的元素。即通过前者的氧化减少了后者的氧化损失，提高了后者的过渡系数。因此，在过渡合金元素时，需要选用对氧亲和力更大的元素作为脱氧剂。例如，在碱性药皮中加入铝和钛，可

以提高硅和锰的过渡系数。

表 3-12　不同介质条件下合金元素的过渡系数

焊接条件	过渡系数 η					
	C	Si	Mn	Cr	W	V
空气中无保护	0.54	0.75	0.67	0.99	0.94	0.85
工业纯氩中	0.80	0.97	0.88	0.99	0.99	0.98
CO_2 中	0.29	0.72	0.60	0.94	0.96	0.68
HJ251 层中	0.53	2.03①	0.59	0.83	0.83	0.78

① HJ251 为低锰中硅型焊条，它可从焊剂中过渡较多的 Si。

（2）合金元素的物理性质　合金元素的物理性质中影响其过渡系数的是沸点。沸点越低，焊接时的蒸发损失量越大，过渡系数越小。例如，锰很容易蒸发，故在其余条件相同的情况下，它的过渡系数较小。

（3）焊接区介质的氧化性　焊接时，焊接区介质氧化性的大小对合金元素的过渡系数影响极大。例如，硅在纯氩气体环境中焊接时，其过渡系数高达 97%；在 CO_2 气体保护焊中，其过滤系数则只有 72%。故在焊接高合金铝或某些合金时，要求在无氧化性介质中进行焊接，以避免合金元素的氧化损失。

（4）合金元素的粒度　增加合金元素的粒度，其表面积和氧化损失将减少，而残留损失不变，故过渡系数增大。把锰、硅、铬和碳轮流加入以 Al_2O_3-CaF_2-MgO 为基的粘结焊剂中进行试验，即可证明上述结论（表 3-13）。但是，如果颗粒过大，则不易熔化，可能使残留损失增大，合金元素过渡系数反而减小。

对于不易被氧化的合金元素或在无氧条件下焊接时，粒度的大小则对过渡系数无影响。例如，在无氧条件下，钼粉的粒度由 0.05mm 变化到 0.3mm，其过渡系数是一样的。

（5）合金元素的含量　试验表明，随着药皮（或焊剂）中合金元素的含量增加，其过渡系数在开始时也相应增大。当合金元素的含量超过某个值时，其过渡系数则趋于不变，如图 3-21 和图 3-22 所示。

表 3-13　合金元素粒度与过渡系数的关系

粒度/μm	过渡系数 η			
	Mn	Si	Cr	C
<56	0.37	0.44	0.59	0.49
56～125	0.40	0.51	0.62	0.57
125～200	0.47	0.51	0.64	0.57
200～250	0.53	0.58	0.67	0.61
250～355	0.54	0.64	0.71	0.62
355～500	0.57	0.66	0.82	0.68
500～700	0.71	0.70	—	0.74

增加焊接材料中合金元素的含量，将导致两个相反的结果：①使药皮（焊剂）中其他成分的含量（包括氧化剂的含量）减少，因此药皮（焊剂）的氧化能力减弱，合金元素的过渡系数增大；②使合金元素残留在熔渣中的损失增加，药皮（焊剂）的保护性能变差，故合金元素的过渡系数减小。开始时，第二种因素的作用很小，故 η 增大；随着合金元素的增加，第二种因素的作用增大，故 η 减小。所以，综合考虑，焊接材料中合金元素的增

加要适量。

(6) 药皮(焊剂)的成分　药皮(焊剂)的成分决定了熔渣的氧化性、碱度、动力黏度等性能，因此其对过渡系数的影响较大。药皮或焊剂中含高价氧化物与碳酸盐越多，则气相与熔渣的氧化性越大，合金元素的过渡系数就越小。在焊芯和药皮重量系数相同的情况下，赤铁矿和大理石的氧化性最强，甚至超过了空气和 CO_2，故合金元素的过渡系数很小；而 CaF_2 和 $CaO\text{-}BaO\text{-}Al_2O_3$ 渣系的氧化性很小，过渡系数较大。所以焊接高合金钢和合金时，一般采用碱性药皮或低氧、无氧焊剂。

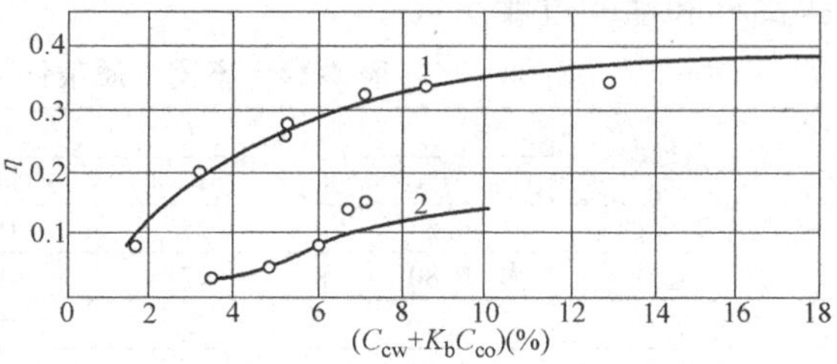

图 3-21　锰的过滤系数与其在焊条中含量的关系

1—碱性渣　2—酸性渣

C_{cw}—锰在焊芯中的含量　C_{co}—锰在药皮中的含量

K_b—药皮重量系数

当合金元素与其氧化物在药皮中共存时，根据质量作用定律，可抑制元素的氧化反应，也有利于提高其过渡系数。

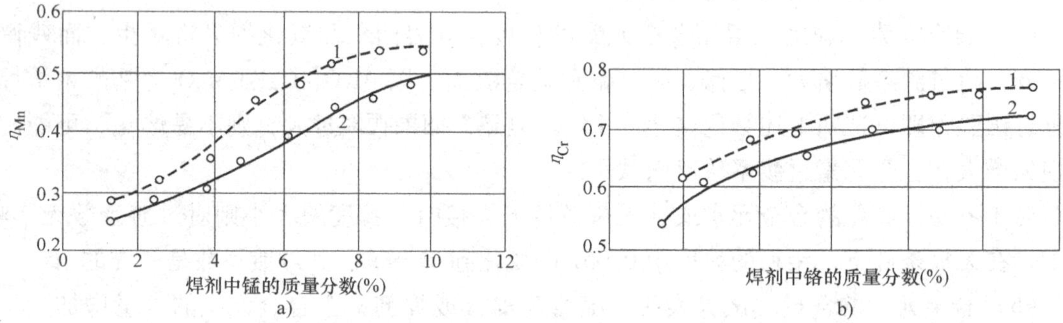

图 3-22　锰与铬的过渡系数与其在焊剂中含量的关系

a) 锰的过渡系数　b) 铬的过渡系数

1—正极性　2—反极性

若其他条件相同，则当合金元素氧化物的性质与熔渣相同时，有利于提高其过渡系数；反之，则会降低其过渡系数。图 3-23 所示为熔渣碱度与过渡系数的关系。可以看出，随着碱度的增加，即 $(CaO + MgO)/SiO_2$ 比值的增大，硅的过渡系数降低，锰的过渡系数增加，完全证明了上述规律的正确性。

(7) 药皮(药芯)重量系数和焊接参数　当药皮成分一定时，若药皮重量系数增加，则合金元素的过渡系数减小，如图 3-24 所示。因为若药皮增加，则焊接时形成的熔渣增厚，合金进入熔池所通过的路程增长，使其在熔渣中的残留量和氧化损失也有所增加。

用粘结焊剂进行埋弧焊时，合金元素的过渡系数随焊剂熔化率的增大而减小，而焊剂熔化率则主要随电弧电压而变化。电弧电压增加时，焊剂的熔化率增大。另外，极性的变化也会影响焊剂熔化率：反极性时，焊丝是阳极，温度比正极性时高，焊剂的熔化量也比正极性时大，如图 3-25 所示。此时，焊剂的熔化率增大，锰、铬的过渡系数减小。

由以上分析可知，影响合金元素过渡系数的因素来自材料、焊接工艺等各个方面。同一焊丝用于不同焊接方法时，或者同一元素在不同的合金系统中，其过渡系数不尽相同。所以在实际生产中，必须事先在与生产完全相同的条件下进行试验，这样获得的结果才能用于指导生产。

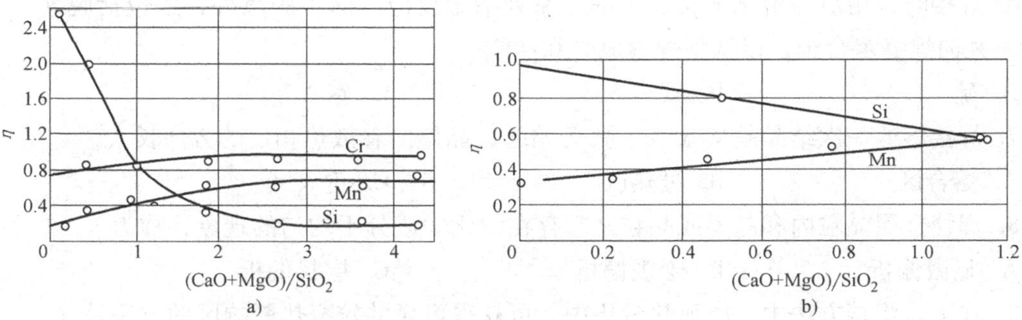

图 3-23　熔渣碱度与过渡系数的关系

a）药皮含质量分数为 20% 的大理石，焊芯 H0Cr19Ni9Ti　b）无氧药皮，焊芯 H08A

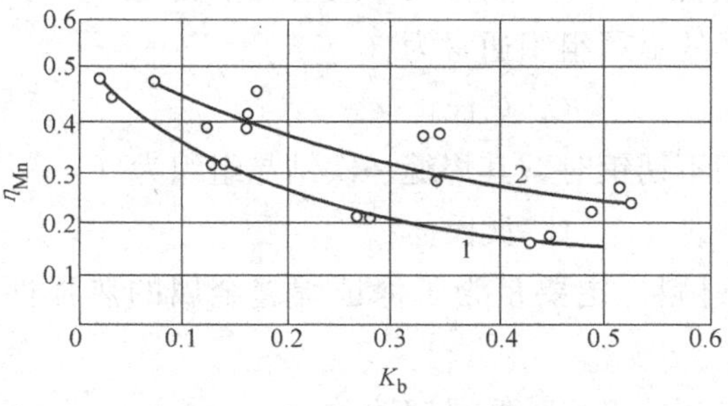

图 3-24　锰的过渡系数与药皮重量系数的关系

1—锰的质量分数为 20%　2—锰的质量分数为 50%

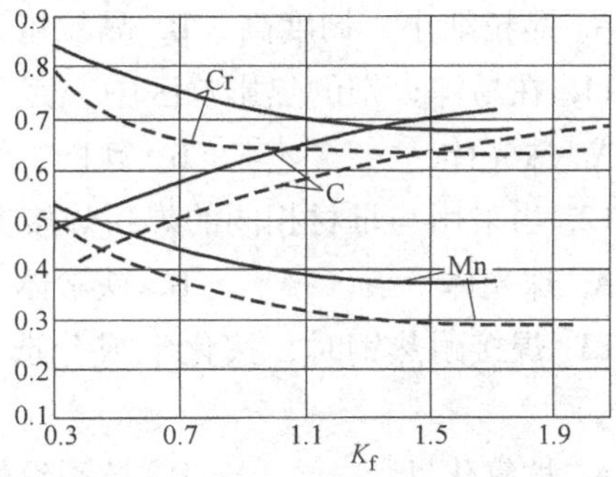

图 3-25　过渡系数 η 与焊剂熔化率 K_f 的关系（粘结焊剂）

实线—焊丝直径为 5mm　虚线—焊丝直径为 3mm

【思考与练习】

一、选择题

1. 电弧区内对焊缝性能影响最大的气体是（　　）。

A. CO、CO_2　　B. N_2、O_2、H_2　　C. Ar

2. 焊接时不与氮发生作用，即不溶解氮形成稳定氮化物的金属是（　　）。

A. Cu、Ni　　B. Fe、Mn、Ti　　C. Si、Cr

3. 焊接时，氢向金属中溶解是通过（　　）和（　　）实现的。

A. 以原子或质子的形式直接从金属表面溶解

B. 以 OH^- 离子的形式经熔渣层过渡

C. 以分子形式溶入液态金属

4. 焊接时氧与金属的相互作用，主要是使金属（　　）。

A. 氧化　　B. 还原　　C. 电离

5. 焊接熔渣所含的氧化物可与液态金属发生作用使之氧化，这种氧化方式称为（　　）。

A. 自由氧化　　B. 扩散氧化　　C. 置换氧化

6. 焊接时，熔渣与熔化金属发生的一系列冶金反应，除了脱氧外，还包括脱（　　）、脱磷，并向焊缝渗合金，以调整焊缝成分和性能。

A. 硫　　B. 碳　　C. 锰

7. 焊接熔池一次结晶是从（　　）开始的，晶体向着散热相反的方向长大。

A. 熔合区　　B. 过热区　　C. 正火区

8. 焊缝金属晶粒内和晶界或晶粒之间存在的化学成分不均匀的现象，称为（　　）。

A. 显微偏析　　B. 宏观偏析　　C. 层状偏析

9. 在下述焊接方法中，电弧热量集中、可获得可靠的较窄热影响区的方法是（　　）。

A. 焊条电弧焊　　B. 钨极氩弧焊　　C. 埋弧焊

10. 当焊接热输入较大时，熔合区、过热区中晶粒的特点是（　　）。

A. 晶粒细小、韧度高　　B. 晶粒粗大、韧度低　　C. 晶粒尺寸及韧度不变化

11. 在易淬火钢的热影响区中，完全淬火区的金属组织通常为（　　）。

A. 珠光体　　B. 魏氏组织　　C. 马氏体

12. 当采用与母材相同的焊材焊接奥氏体型不锈钢时，其焊缝一次结晶组织为（　　）。

A. 珠光体　　B. 铁素体　　C. 奥氏体

13. 焊接耐热钢时，按化学成分选择焊接材料，主要是为了保证焊缝金属的热强性和（　　）。

A. 抗氧化性　　B. 抗裂纹性　　C. 低温韧性

14. 焊接易淬火钢时，常采用焊前预热、控制道间温度（或层间温度）和焊后缓冷或焊后热处理的工艺措施，其目的主要是（　　）。

A. 防止产生淬硬组织　　B. 改善焊缝成形　　C. 改善劳动条件

15. 焊接熔池结晶（一次结晶）的基本规律是（　　）的过程。

A. 晶核的形成和长大

B. 奥氏体转变为铁素体＋珠光体

C. 液态熔渣凝固成固态

二、简答题

1. 影响焊接温度场分布的因素有哪些？它们对焊接温度场的分布分别有什么影响？

2. 熔滴过渡对焊接过程的影响如何？

3. 为什么要对焊接区进行保护？可以采用的保护方式及其效果怎样？

4. 脱氧剂的选择应遵循哪些原则？

5. 影响合金元素过渡系数的因素有哪些？它们对合金的过渡系数分别有什么影响？

第四单元 焊接接头的组织与性能

【情景导入】

1979 年 12 月 18 日，我国某市煤气公司石油液化气厂 $400m^3$ 的 2 号球罐突然破裂，大量泄漏的液化石油顺风向北扩散，遇明火燃烧，在 6 万 m^2 的范围内形成一片火海。在大火的烘烤下，相邻的 1 号球罐严重超压并发生爆炸，使整个罐区（图 4-1）遭到破坏。大火持续燃烧了 23h，烧毁 6 个 $400m^3$ 的球罐、4 个 $50m^3$ 的卧罐、3000 多只液化石油气钢瓶，烧掉 600 多吨液化石油气，烧坏厂区及附近苗圃的全部建筑物和 12 辆机动车，烧死树苗 329 万株，同时烧断 66000kV 的高压输电线路，造成 3 个变电所、48 间工厂停电 26h，直接经济损失达 627 万元人民币，死亡 32 人，重伤 50 人。

图 4-1 石油液化气罐区

事故原因是 2 号球罐的上、下环焊缝存在裂纹，当球罐压力波动时，这些裂纹源逐步扩展，当波动达到一定次数后，便造成了球罐的低应力脆性断裂。焊接结构中的各种缺陷会影响其使用性能，甚至会导致灾难性事故。本单元将介绍焊接接头的组织与性能方面的基础知识。

【学习目标】

通过本单元的学习，了解焊缝金属结晶的特点，掌握焊缝结晶的一般规律，了解焊接接头的组织与性能，掌握焊接接头组织与性能的调节方法。

第一节 熔池凝固

资料卡片

焊接接头由焊缝、熔合区和热影响区三部分组成。熔池金属在经历了一系列化学冶金反应后，随着温度的降低，凝固后成为焊缝，并在继续冷却过程中发生固态相变。熔合区和热影响区在焊接热源的作用下也发生不同的组织变化。很多焊接缺陷，如气孔、夹杂、裂纹等，都是在上述过程中产生的。因此，了解焊接接头组织与性能的变化规律，对控制焊接质量和防止焊接缺陷有重要意义。

熔焊时，在高温热源的作用下，母材将发生局部熔化，并与熔化的焊丝（或焊条）金属搅拌混合而形成焊接熔池。当焊接热源离开后，熔池金属便开始凝固（结晶），如图4-2所示。熔池凝固过程对焊缝金属的组织与性能有重要影响。

一、熔池凝固的条件和特点

焊接熔池虽小，但它的结晶规律和铸钢锭一样，都是晶核生成和长大的过程。然而，由于焊接熔池的凝固条件不同，故其与一般钢锭的结晶相比有如下特点。

1. 熔池的体积小，冷却速度快

焊接熔池的最大体积只有几十立方厘米，质量不超过100g，而铸锭可达几吨至几十吨。由于熔池的体积小，周围又被冷金属所包围，所以熔池的冷却速度很快，平均为4～100℃/s，比铸锭的平均冷却速度快10000倍左右。对于含碳量高、合金元素含量较多的钢种来说，容易产生淬硬组织，甚至产生焊道上的裂纹。由于冷却速度快，熔池中心和边缘有较大的温度梯度，导致焊缝中的柱状晶（图4-3）得到了很大发展。

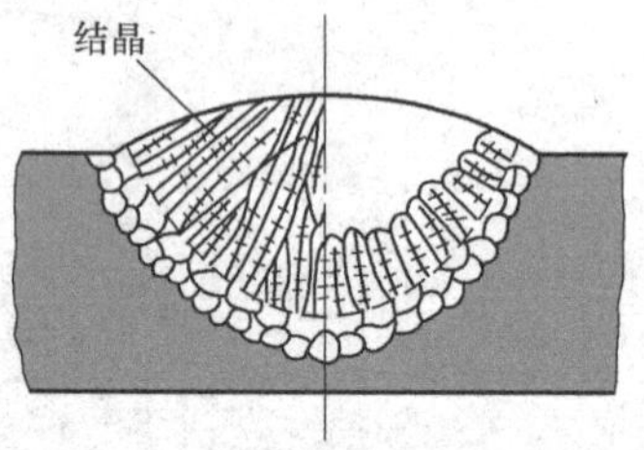

图4-2　熔池金属的凝固（结晶）

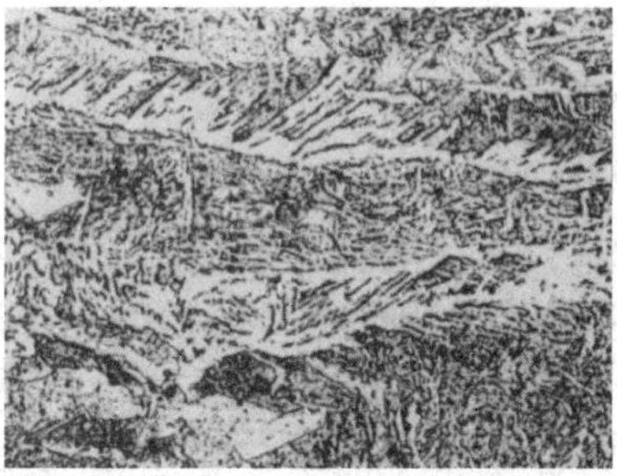

图4-3　20钢等离子弧焊对接接头焊缝中的柱状晶组织

2. 熔池中的液态金属处于过热状态

一般铸锭的结晶温度很少超过1550℃。在电弧焊的条件下，对于低碳钢或低合金钢来讲，熔池的平均温度可达（1770±100）℃，因此，熔池中的液态金属处于过热状态。处于过热状态的熔池金属中合金元素的烧损比较严重，使熔池中非自发晶核的质点大为减少，这也促使焊缝中的柱状晶得到了发展。

3. 熔池在运动状态下结晶

钢锭的结晶是在固定的钢锭模中以静止状态进行的，而一般熔焊时，熔池是以等速随热源移动的。熔池金属的熔化和凝固过程同时进行，如图4-4所示，熔池的前半部分进行熔化过程，而熔池的后半部分进行凝固过程。此外，在焊接条件下，气体的吹力、焊条的摆动及熔池内部气体的外逸，都会产生搅拌作用。这一点对于排除气体和杂质是有利的，也有利于得到致密且性能良好的焊缝。

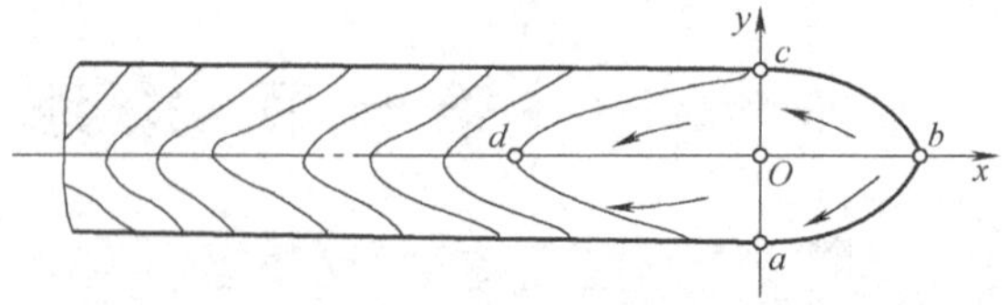

图4-4　熔池在运动状态下结晶

❖焊接熔池与铸锭相比有哪些特点？

二、熔池结晶过程

前面已经指出，焊接熔池金属的结晶过程与一般金属的结晶一样，也是晶核生成和长大的过程。过冷度是结晶进行的必要条件，焊接时的冷却速度很快，容易获得较大的过冷度。

1. 熔池中晶核的形成

金属晶核的形成方式有两种：自发形核（均质形核）与非自发形核（非均质形核）。焊接熔池的形核主要以非均质形核为主。在焊接条件下，熔池中存在两种所谓的现成表面：一种是合金元素或杂质的悬浮质点；另一种是熔合区附近加热到半熔化状态的基本金属的晶粒表面。但由于温度很高，悬浮在液态金属中的难熔质点很少，因此，母材加热到半熔化状态的基本金属就成为新相的结晶核心，并以柱状晶的形态向焊缝中心成长。这种依附于母材半熔化晶粒开始长大的结晶方式称为联生结晶或交互结晶，如图 4-5 和图 4-6 所示。

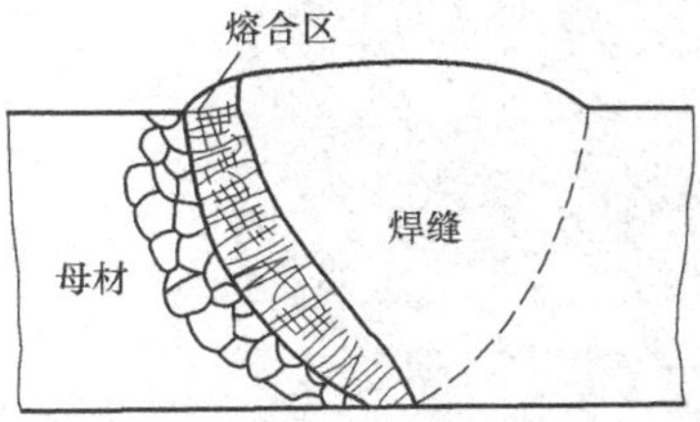

图 4-5　母材半熔化晶粒长大的柱状晶

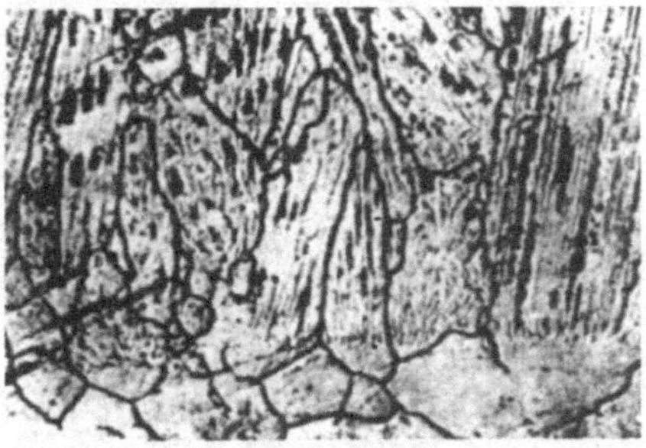

图 4-6　奥氏体钢焊缝的联生结晶

焊接时，为了改善焊缝金属的性能，可以通过焊接材料加入一定量的合金元素（如钼、钒、钛、铌等）作为熔池中非自发晶核的质点，从而使焊缝金属的晶粒细化。

2. 熔池中晶核的长大

熔池中的晶核形成之后，就以这些新生的晶核为核心，不断向焊缝中成长。前面已经指出，熔合区附近的母材晶粒作为现成的表面向焊缝中成长起了主要作用。也就是说，熔池金属结晶时，总是从靠近熔合线处的母材上联生地长大起来。但是长大的趋势各不相同，有的柱状晶严重长大，可以一直成长到焊缝中心，有的晶体却只能长到半途而停止。金属晶体具有各向异性，当晶体最易长大的方向与散热最快的方向一致时，最有利于晶粒长大，可以一直长到焊缝中心，形成粗大的柱状晶。有的晶体最易长大的方向与散热方向不一致，这时晶粒的成长就会停止。

增大焊接速度，晶粒成长的平均线速度也增大，这样容易获得粗大的柱状晶，柱状晶在焊缝中心相遇，便形成了焊缝中心的纵向裂纹。因此，焊接奥氏体钢和铝合金时，应特别注意不能采用过大的焊接速度。

三、熔池的结晶形态

熔池结晶时，先结晶与后结晶的固液相成分不同，造成固液界面一定区域的成分起伏，称为成分过冷。成分过冷使合金结晶时不必以很大的温度过冷就可形成树枝晶，而且随着过冷度的不同，晶体成长也会出现平面晶、胞状晶、胞状树枝晶、树枝晶、等轴晶等不同结晶形态，如图 4-7 所示。

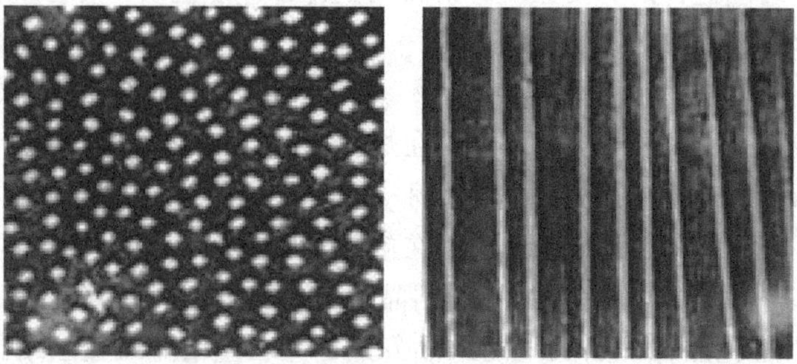

a)

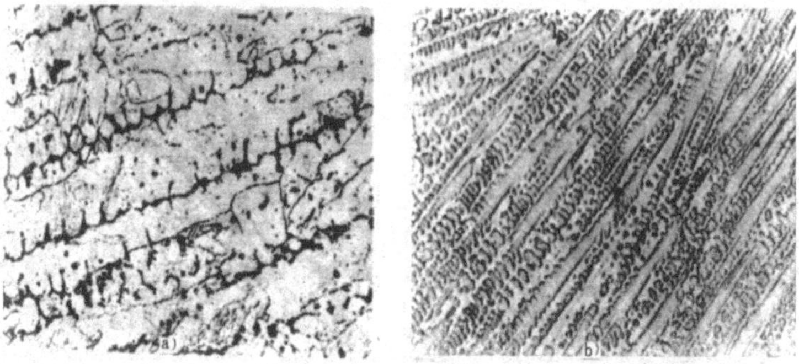

b)

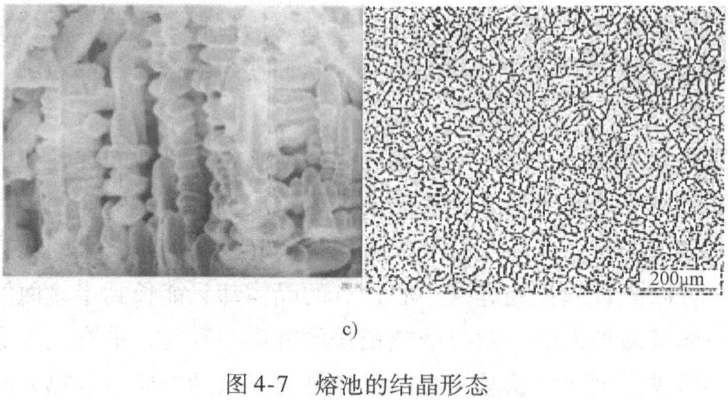

c)

图 4-7　熔池的结晶形态

a）胞状晶　b）胞状树枝晶　c）树枝晶与等轴晶

实践证明，熔池中成分过冷的分布在焊缝的不同部位是不同的，因此，将出现不同的结晶形态。在焊缝的熔化边界，成分过冷接近于零，所以平面晶得到发展。随着远离熔化边界向焊缝中心过渡，成分过冷逐步增大，结晶形态将由平面晶向胞状晶、树枝胞状晶（柱状晶区），一直到等轴晶发展。图 4-8 所示为结晶形态的变化过程。在对焊缝凝固组织的金相观察中，证实了上述结晶形态的变化趋势。

但在实际焊缝中，由于化学成分、焊接参数、板厚和接头形式不同，不一定具有上述全

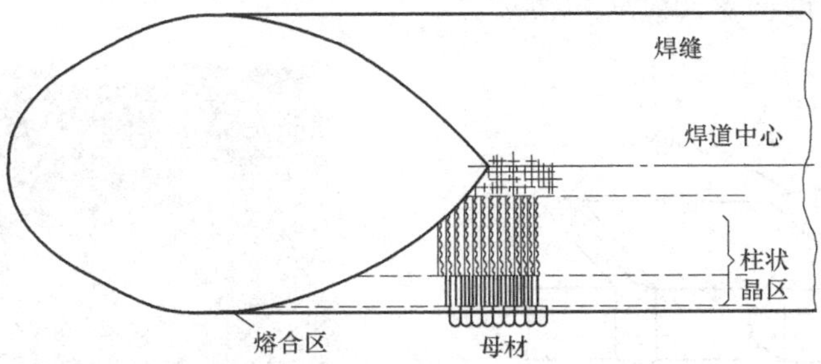

图 4-8　熔池结晶形态变化示意图

部结晶形态。

四、焊缝金属的偏析

合金中的组成元素在结晶时分布不均匀的现象称为偏析。在焊接熔池一次结晶过程中，由于冷却速度快，已凝固的焊缝金属中的化学成分来不及扩散，造成分布不均匀而产生偏析。偏析是焊缝金属结晶中的常见缺陷，主要有枝晶偏析和区域偏析两种形式。

1. 枝晶偏析

枝晶偏析发生于晶粒内部，其偏析范围很小，又叫作显微偏析。焊缝中形成枝晶偏析的原因与铸锭基本相同，都是枝晶在长大过程中先后析出的成分不同，而又来不及扩散的结果。在焊接条件下，冷却速度比铸锭快得多，形成枝晶偏析的可能性更大。冷却后，柱状晶中心晶轴部分合金元素的含量低于其平均含量，而在晶界处出现含量最大值。二者的差值越大，表明偏析程度越严重。

钢中常用元素偏析的程度不同，容易引起偏析的元素是碳、硫和磷。在低碳钢焊缝中，由于碳及合金元素的含量都很低，显微偏析不明显；而当碳或硫、磷的含量偏高时，显微偏析会给焊接质量带来明显的影响。

2. 区域偏析

区域偏析是在整个焊缝范围内化学成分不均匀的现象。其形成的原因是熔池在结晶过程中，柱状晶前沿在向熔化中心推进的同时，把低熔点物质（一般为杂质）排挤到最后凝固，从而造成在整个焊缝截面上成分明显不均匀。由于偏析范围比较大，故区域偏析又叫作宏观偏析。杂质的集中使焊缝性能下降，特别是当焊缝成形系数比较小时（图 4-9a），杂质集中在焊缝中心，在横向拉应力的作用下会造成焊缝沿纵向开裂；当焊缝成形系数较大时（图 4-9b），杂质偏聚于焊缝上部，对焊缝的抗裂性影响较小。因此，在焊接对裂纹比较敏感的材料时，应考虑焊接参数对焊缝成形系数的影响。

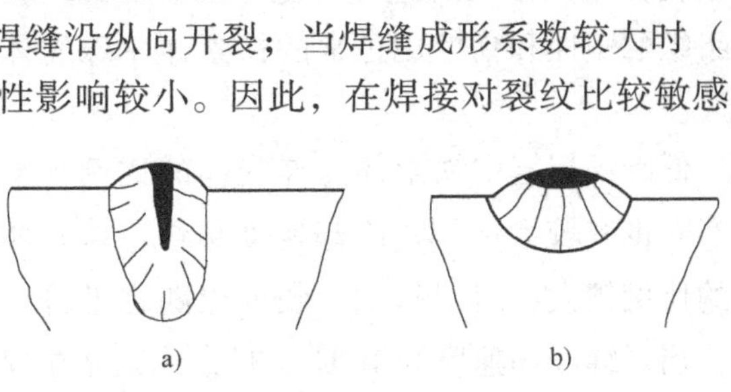

图 4-9　焊缝金属的偏析及成形系数的影响

a）成形系数小　b）成形系数大

除上述两种形式的偏析外，焊缝横截面在抛光腐蚀后，可以看到颜色不同的分层结构（图 4 -10 和图 4-11）。检测结果表明，分层结构是成分作周期性变化的表现，这种偏析称为层状偏析。关于层状偏析形成的原因及影响，目前尚未完全认识清楚。

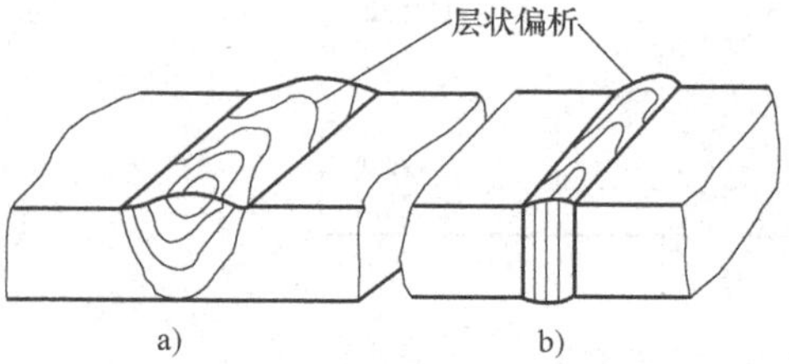

图 4-10 焊缝层状偏析示意图
a）焊条电弧焊 b）电子束焊

图 4-11 焊条电弧焊焊缝的层状偏析

第二节 焊缝的组织与性能

资料卡片

焊接具有固态相变的结构钢时，熔池凝固所得的是一次结晶组织。在继续冷却的过程中，一次结晶组织将发生组织转变（即固态相变），转变后得到的是二次结晶组织，又称固态相变组织。在室温下，用显微镜观察焊缝金属所见到的即为这种组织。焊缝金属经历了从液态到室温的全过程，其二次组织是在焊后形成的铸造组织的基础上连续冷却的条件下形成的，因此，奥氏体进一步转变成什么组织则需根据焊缝的成分和冷却条件来具体分析。

一、低碳钢焊缝的固态相变组织

低碳钢焊缝由于含碳量低，其二次组织一般为铁素体 + 少量珠光体。其中，铁素体首先沿着原奥氏体柱状晶晶界析出，可以勾画出一次组织的柱状轮廓。当焊缝在高温下停留的时间较长而在固态相变温度下的冷却速度又较快时，铁素体可能从奥氏体晶粒内部按一定方向析出，以长短不一的针状或片状直接插入珠光体晶粒中而形成所谓的魏氏组织。魏氏组织主要出现在晶粒粗大的过热焊缝中（图 4-12），这种组织的塑性和韧性比正常的铁素体 + 珠光体要低些。

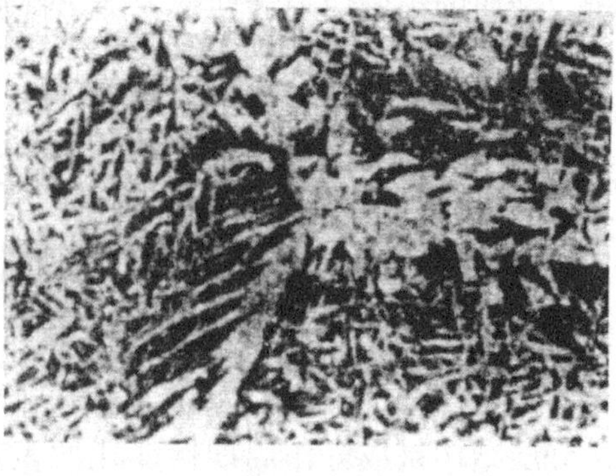

图 4-12 低碳钢焊缝中的魏氏组织

低碳钢焊缝中铁素体与珠光体的比例与平衡状态时也有较大区别，冷却速度越快，珠光体所占的比例越大，组织越细，硬度也随之上升。例如，当焊缝冷却速度为 10℃/s 时，珠光体在焊缝中所占的体积分数为 35%，硬度为 185HV；而当冷却速度提高到 110℃/s 时，珠光体的体积分数上升为62%，硬度为228HV。因此，当焊缝与母材的成分完全相同时，焊缝的强度、硬度均高于母材。所以，为了保证焊缝与母材的力学性能相匹配，要求焊缝中的含碳量低于母材。

经多层焊或热处理的焊缝金属将得到改善作用，使焊缝获得细小的铁素体和少量珠光体，并使柱状晶组织遭到破坏。一般使钢中柱状晶消失的临界温度在 A_3 点以上 20～30℃，在900℃以上短时间加热，即可使柱状晶组织消失。但应指出，多层焊时由于受热的温度和时间不同，故柱状晶消失的程度是不均匀的。

二、低合金钢焊缝的固态相变组织

低合金钢焊缝的固态相变组织比低碳钢焊缝的固态相变组织复杂得多，随匹配焊接材料的比例、与母材混合后的化学成分和冷却条件的不同，可出现不同的组织。不仅可能发生铁素体和珠光体转变，有些钢中还会发生贝氏体或马氏体转变。当母材强度不高时（如Q295、Q345钢），焊缝中的碳和合金元素均接近于低碳钢，焊缝的二次组织通常为铁素体＋珠光体。而当母材是热处理强化钢时，焊缝中合金元素的品种及数量较多，淬透性也相应提高，这时一般不会发生珠光体转变，随冷却速度的不同，二次组织可能是铁素体＋贝氏体、铁素体＋马氏体或马氏体。一般焊接用高强度钢中碳的质量分数都比较低（不大于0.18%），因此，得到的低碳马氏体或下贝氏体都有较高的韧性。而当冷却速度很慢时，将析出较多的粗人铁素体，反而会使焊缝性能下降。

❖试分析比较低碳钢与低合金钢焊接时焊缝组织的组成。

三、改善焊缝组织与性能的途径

控制焊缝性能是控制焊接质量的主要目标，具有相同化学成分的焊缝，由于结晶形态不同，在性能上会有很大的差异。改善焊缝的性能，可从调整成分与组织两方面入手，通常可采用以下措施。

1. 焊缝的变质处理

在液态金属中加入少量合金元素（变质剂），使结晶过程发生明显变化，从而使晶粒细化的方法叫作变质处理。焊接时，通过焊接材料（焊条、焊丝或焊剂）向金属熔池中加入少量合金元素，这些元素一部分固溶于基体组织（如铁素体）起固溶强化作用；另一部分则以难熔质点（大多为碳化物或氮化物）的形式成为结晶核心，用以增加晶核数量使晶粒细化，从而可较大幅度地提高焊缝金属的强度和韧性，有效改善焊缝金属的力学性能。目前，常用的变质元素有Mo、V、Ti、Nb、B、Zr、Al及稀土元素。这些元素的效果已被大量实践所证实，并在生产中获得了广泛应用，现已研制出一系列含有微量元素的焊接材料。

但是，由于微量元素在焊缝中作用的规律比较复杂，其中不仅有元素本身的作用，还有不同元素之间的相互影响。各种元素在不同合金系统的焊缝中都存在一个提高韧性的最佳含量，同时，多种元素共存时其作用并不是简单的叠加关系。这些问题迄今仍没有统一的结论和理论上的圆满解释。因此，目前变质剂的最佳含量都是通过反复试验得出的经验数据。此外，变质剂加入的方式与减少其在电弧高温下的烧损等问题也有待进一步解决。

2. 调整焊接参数

实践证明，当功率 P 不变时，增大焊速 v 可使焊缝晶粒细化；在热输入 E 不变的情况下，同时提高 P 和 v，也可使焊缝晶粒细化。此外，为了减少熔池过热，在埋弧焊时可向熔池中送入附加的冷焊丝，或者在坡口面预置碎焊丝。

3. 振动结晶

振动结晶是通过不同途径使熔池产生一定频率的振动，打乱柱状晶的方向并对熔池产生强烈的搅拌作用，从而使晶粒细化并促使气体排出。常用的振动方法有机械振动、超声振动和电磁振动等。

机械振动的频率不超过 100Hz，振幅在 1mm 左右，对钢焊缝来说效果不明显。超声振动可获得 1000 ~ 2000Hz 的振动频率，振幅约为 10^{-4}mm，其效果优于机械振动。电磁振动是利用强磁场使熔池产生强烈的搅拌，效果更为显著。振动结晶虽试验研究多年，但因受设备条件的限制，广泛用于生产尚有一定困难。

4. 多层焊

由多层焊热循环的特点可知，通过调整焊道层数可以在较大范围内调整焊接参数，比单道焊调整焊接参数时细化晶粒的作用更为明显。同时，多层焊时，焊道间的后热作用还可以改善焊缝的二次组织。

多层焊的后热效果在焊条电弧焊时比较明显，因为每一焊层的热作用可达到前一焊层的整个厚度。而埋弧焊时，由于焊层厚度可达 6 ~ 10mm，后一焊层的热作用只能达到 3 ~ 4mm 深，故不能对整个焊层横截面起后热作用。

5. 锤击坡口表面或多层焊层间金属

锤击坡口表面或多层焊层间金属使表面晶粒破碎，熔池以打碎的晶粒为基面形核、长大而获得晶粒较细的焊缝。此外，逐层锤击焊缝表面，还可以起到减小残余应力的作用。锤击焊缝的方向和顺序如图 4-13 所示。

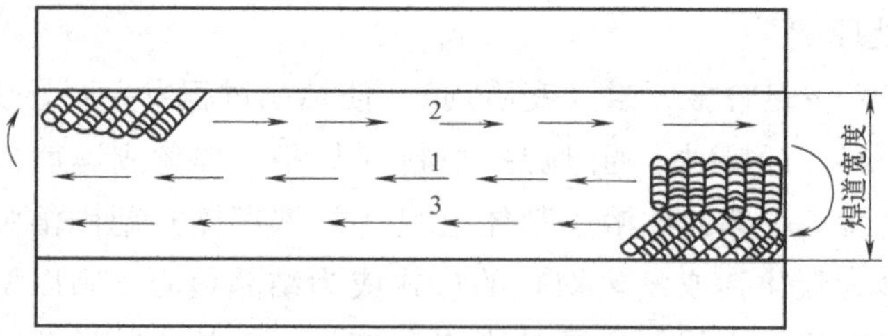

图 4-13　锤击焊缝的方向和顺序

6. 跟踪回火

跟踪回火就是在焊完每道焊缝后，用气焊火焰在焊缝表面跟踪加热。加热温度为 900 ~ 1000℃，可对焊缝表层下 3 ~ 6mm 深度范围内不同深度的金属起到不同的热处理作用。以焊条电弧焊为例，每层焊缝的厚度平均为3mm，跟踪回火对表层下不同深度金属的热作用分别为：最上层加热温度为900～1000℃，相当于正火处理；中间深度为3～6mm的一层加热温度为750℃左右，相当于高温退火；最下层（6～9mm）则相当于进行600℃左右的回火处理。这样，除了表面一层外，每层焊道都相当于进行了一次焊后正火及不同次数的回火处理，组织与性能将有明显改善。

跟踪回火使用中性焰，将焰心对准焊道做“Z”形运动（图4-14），火焰横向摆动的宽度比焊缝宽度大2～3mm。大型结构或补焊件采用跟踪回火，还可以显著提高熔合区的韧性。优质焊缝不仅要满足使用性能的要求，而且不应该存在技术条件不允许的焊接缺陷（如气孔、夹杂物、裂纹等）。

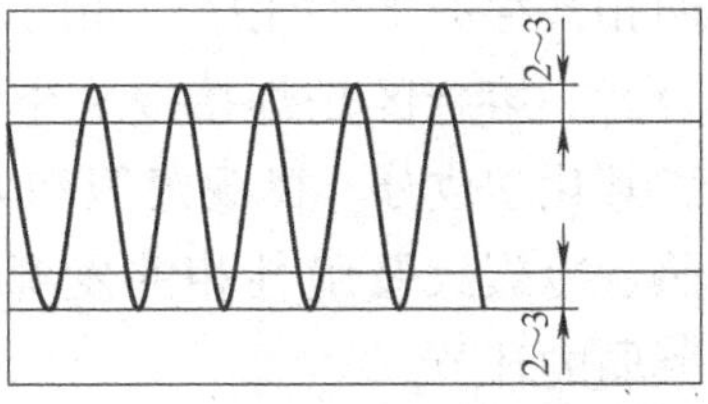

图4-14 跟踪回火的运行轨迹

7. 焊后热处理

要求严格的焊接结构焊后需要进行热处理。按热处理工艺不同，焊后热处理可分别起到改善组织、性能，消除残余应力或排出扩散氢的作用。焊后进行正火（或正火+回火）和淬火+回火，可以改善焊缝的组织与性能。具体热处理工艺的选用应根据母材的成分、焊接材料、产品的技术条件及焊接方法而定。有些产品（如大型的或在工地上装焊的结构）若进行整体热处理有困难，也可采用局部热处理。

第三节 焊接热影响区

焊接过程中，在焊接热源的作用下，形成焊缝的同时不可避免地会使焊缝附近的母材经受一次特殊的热处理过程，形成了组织和性能极不均匀的焊接热影响区。所谓的焊接热影响区，是指在焊接过程中，母材因受热（但未熔化）而发生金相组织和力学性能变化的区域（HAZ，Heat-Affected Zone）。近年来，焊接结构材料的品种日益增多，不仅是低合金高强度钢，而且高合金特殊钢、铝、铜、钛等非铁金属也常被用来做焊接结构材料，这些材料在加热时，其性能一般都有明显的变化，有些材料的化学性能还很活泼，因此，焊接热影响区的组织和性能将发生较大变化。加上结构尺寸与板厚的增加，焊接热影响区易出现多种焊接裂纹。母材选定后，焊接热影响区的成分是不会改变的，只能通过制订合理的焊接工艺来改善其组织，进而改善其性能，防止缺陷产生。

一、焊接热影响区的组织

热影响区的组织与焊接热循环有密切关系。根据热处理知识，钢在加热时的组织转变主要取决于最高加热温度和冷却速度。在焊接热源的作用下，焊接热影响区各点的最高加热温度与冷却速度取决于其到焊缝中心的距离，相当于进行了一次自发的、不同的热处理过程，如图4-15所示。在近缝区，最高加热温度可达到固相线温度或晶粒粗化温度；而远离焊缝的部位，其加热温度逐渐降低，最后低于相变开始温度 Ac_1。各点经历的热循环不同，其组织与性能的变化也不一样。按最高加热温度的高低，可将焊接热影响区细分为以下几个区域：熔合区、过热区、相变重结晶区、不完全重结晶区、回火区。其宽度受到焊接方法、焊接参数、结构尺寸等很多因素的影响。

1. 熔合区

在焊缝边界或熔合线处，最高加热温度在液相线温度 T_l 与固相线温度 T_s 之间，实际上是固、液两相共存的半熔化区，如图 4-16 所示，称之为熔合区。熔合区是焊接接头中焊缝与母材的过渡区，其化学成分、微观组织和力学性能极不均匀，是热、冷裂纹及脆性相的发源地，也是焊接接头最薄弱的环节。

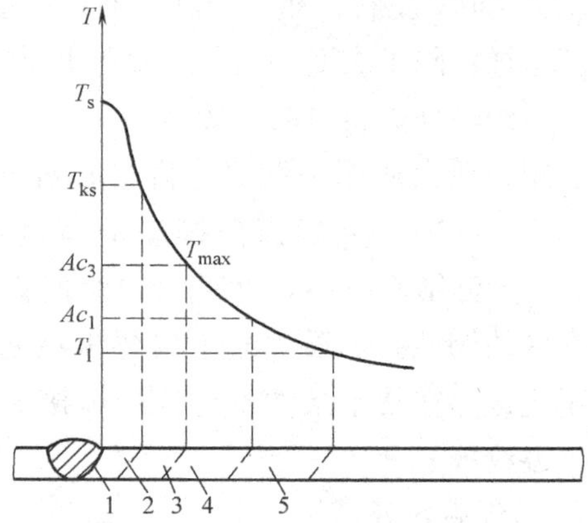

图 4-15　钢热影响区的最高加热温度

T_{max}—最高加热温度　T_s—固相线温度

T_{ks}—晶粒粗化温度　T_l—焊前回火温度

1—熔合区　2—过热区　3—相变重结晶区

4—不完全重结晶区　5—回火区

熔合区最大的特征是具有明显的化学成分不均匀性，从而引起组织的不均匀性。首先，熔合区易形成马氏体，使该区的性能显著恶化；另外，半熔化区内的局部熔化部分会有低熔点杂质浓聚，从而可能产生热裂纹、气泡等缺陷。焊接异种金属时，成分不均匀性更为明显。例如，焊接体心立方的珠光体类钢与面心立方的奥氏体类钢时会出现碳迁移过渡层，使母材一侧出现脱碳层，在焊缝一侧则出现增碳层，使熔合区的力学性质不均匀。而且焊后易存在较大的残余应力，脆性断裂、焊接裂纹都容易在这一部位发生和发展，从而常常引起焊接结构的失效。

2. 过热区

过热区的最高加热温度在 $T_s \sim T_{ks}$（晶粒急剧长大温度）之间，处于过热状态。由于温度高，奥氏体晶粒急剧长大，难熔质点分解并溶入，局部晶界甚至可能发生液化。对于低碳钢和淬硬倾向小的钢，其冷却后将获得粗大的过热组织，有时还会出现魏氏组织。因此，过热区的塑性和韧性都很低，其韧性指标比母材低 20% ~30%。对于淬硬倾向大的钢，其冷却以后将得到马氏体组织。过热组织与淬硬马氏体组织使过热区成为继熔合区之后的又一裂纹发源地。

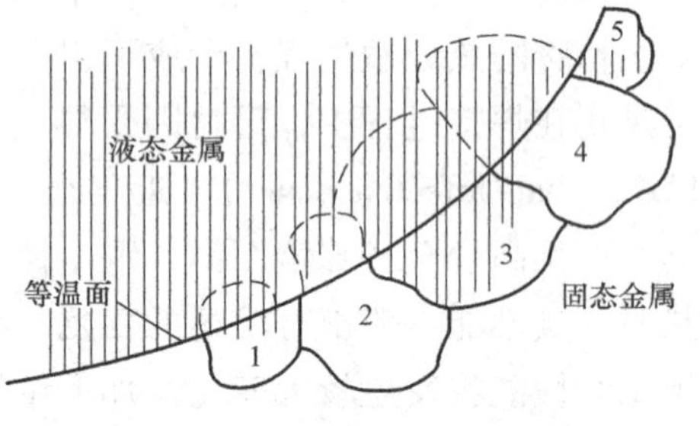

图 4-16　熔合区的晶粒熔化情况

焊接刚度较大的结构时，常在过热粗晶区产生脆化或裂纹。过热区的大小与焊接方法、焊接热输入和母材的板厚有关。气焊和电渣焊时过热区较宽，焊条电弧焊和埋弧焊时过热区较窄，而电子束焊和激光焊时过热区几乎不存在。过热区与熔合区一样，都是焊接接头的薄弱环节。

3. 相变重结晶区（正火区、细晶区）

相变重结晶区紧邻过热区，最高加热温度在 $T_{ks} \sim Ac_3$ 之间。由于加热温度超过了 Ac_3，故奥氏体转变进行完全；又由于最高加热温度低于 T_{ks}，故晶粒不会明显长大，整个加热过程相当于正火处理。对于淬硬倾向小的钢，其冷却组织为晶粒比母材还要细小的铁素体＋珠光体，因此，这个区又称为细晶区或正火区，其综合力学性能较好。

4. 不完全重结晶区（部分相变区）

不完全重结晶区的最高加热温度在 $Ac_3 \sim Ac_1$ 之间，处于奥氏体与铁素体两相区，其加热组织为奥氏体与残余铁素体。由铁碳相图可知，当温度为 Ac_1 时，奥氏体中碳的质量分数接近共析成分（$w_C = 0.77\%$），而没有转变的铁素体晶粒有不同程度长大，所以这个区的高温组织为奥氏体＋粗大铁素体。最高加热温度越接近 Ac_1，奥氏体中的含碳量越高，残余铁素体越多；最高加热温度越接近 Ac_3 的部位，铁素体越少，奥氏体中的含碳量越接近母材的含碳量。

对于淬硬倾向小的钢，不完全重结晶区的冷却组织为粗大的铁素体＋晶粒细小的铁素体＋珠光体；在急冷条件下可能出现高碳马氏体，得到铁素体＋马氏体组织。对于淬硬倾向较大的钢，这个区在冷却过程中将发生马氏体转变，得到马氏体＋残留奥氏体＋块状铁素体组织。所以，不完全重结晶区又叫不完全淬火区或部分相变区。由于部分相变区的组织不均匀，所以其力学性能也极不均匀。

以上四个区是低碳钢、低合金钢焊接热影响区中主要的组织特征。应当指出，在制造施工时，母材事先受过冷加工变形或由于焊接应力而产生的应变，在 Ac_1 以下将发生再结晶过程和应变时效过程，在金相组织上有时也看不到明显的变化。然而，那些对时效应变敏感性强的钢种，在处于 $Ac_1 \sim 300℃$ 范围的热影响区时将发生脆化现象，表现出较强的缺口敏感性，但在金相组织上并无明显变化。

5. 回火区

对于焊前经过淬火＋回火的钢，当最高加热温度在 $Ac_1 \sim T_{回}$ 之间时还存在回火区。由于淬火马氏体在回火时随着回火温度的提高，将分别得到回火马氏体、托氏体或索氏体，强度也随之下降。因此，热影响区的最高加热温度超过 $T_{回}$ 而又未达到 Ac_1 的部位，其强度较焊前母材会有不同程度的下降（软化）。

资料卡片

易淬火钢热影响区的组织与母材焊前的热处理状态有关。若母材焊前为正火或退火状态，则焊后其热影响区分为完全淬火区（相当于不易淬火钢的过热区和正火区）和不完全淬火区；当母材焊前是淬火＋回火状态时，焊后母材热影响区除了完全淬火区和不完全淬火区外，还存在一个回火区。

由此看来，热影响区的组织和性能不仅与母材的化学成分有关，也与焊前的热处理状态有关。

❖不易淬火钢与易淬火钢的焊接热影响区的组织分布有什么不同？

焊接热影响区的大小受许多因素的影响，例如，焊接方法、板厚、热输入、不同的施工工艺等都会使热影响区的尺寸发生变化。采用不同焊接方法焊接低碳钢和不易淬火的低合金钢时，热影响区的平均尺寸见表4-1。

表4-1　不同焊接方法热影响区的平均尺寸

焊接方法	各区平均尺寸/mm			总宽度/mm
	过热区	相变重结晶区	不完全重结晶区	
焊条电弧焊	2.2～3.0	1.5～2.5	2.2～3.0	6.0～8.5
埋弧焊	0.8～1.2	0.8～1.7	0.7～1.0	2.3～4.0
电渣焊	18～20	5.0～7.0	2.0～3.0	25～30
氧乙炔焊	21	4.0	2.0	27.0
真空电子束焊	—	—	—	0.05～0.75

低碳钢埋弧焊焊接热影响区的组织如图4-17所示。

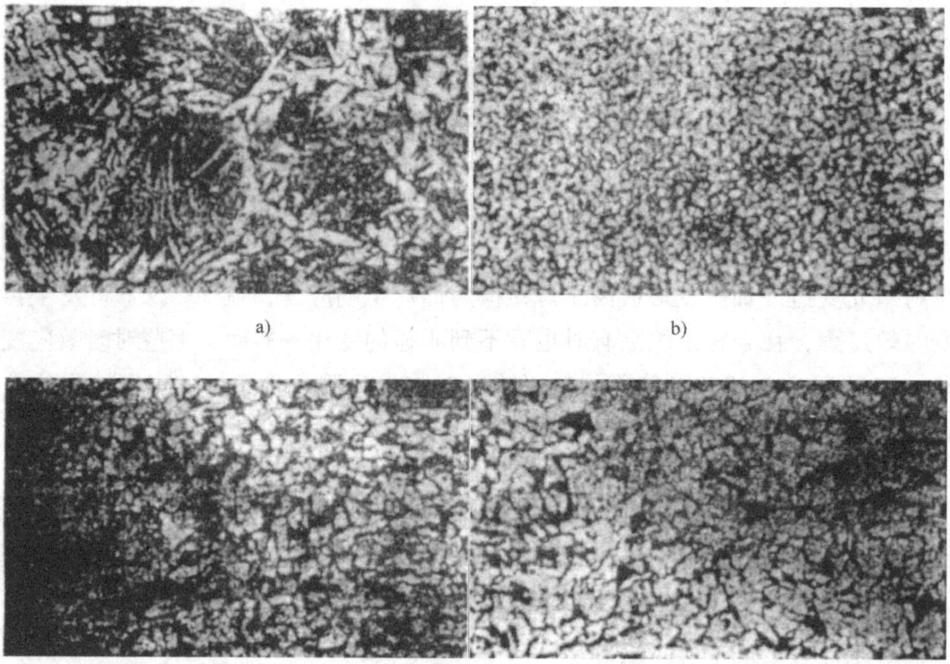

a)　b)　c)　d)

图4-17　低碳钢埋弧焊焊接热影响区的组织

a）过热区　b）相变重结晶区　c）不完全重结晶区　d）未变化的母材

应该说明的是，由于焊接加热的速度快，熔合区和过热区的最高加热温度又高，故相变有明显的滞后现象。即热影响区中 Ac_1 与 Ac_3 的实际温度均比热处理时高。

综上所述，金属在焊接热循环的作用下，热影响区的组织分布是不均匀的，其性能必然也不均匀。熔合区和过热区出现了严重的晶粒粗化，是整个焊接接头的薄弱地带。对于含碳量高、合金元素较多、淬硬倾向较大的钢种，还会出现淬火组织——马氏体，使塑性和韧性降低，因而容易产生裂纹。低碳钢埋弧焊焊接接头的组织分布特征及性能见表4-2。

二、焊接热影响区的力学性能

热影响区性能的变化及不均匀性表现在很多方面，包括常温、高温和低温时的力学性能，以及特殊工作条件下的耐蚀性、疲劳强度等。此处主要讨论焊接热影响区的常温力学性能。对焊接接头进行的常规力学性能测定得出的结果，只能代表整个焊接接头的平均性能，虽然这些数据对产品设计及制造具有指导作用，但不能明确焊接接头中薄弱环节的具体问题。为了能够根据薄弱环节的部位及问题所在，来采取针对性措施提高焊接接头的质量，就必须研究热影响区性能变化的规律。

表 4-2　低碳钢埋弧焊焊接接头的组织分布特征及性能

部位	最高加热温度范围/℃	组织特征及性能
焊缝	>1500	铸造组织柱状晶
熔合区及过热区	1250~1400	晶粒粗大，可能出现魏氏组织，硬化之后会产生裂纹，塑性不好
	1100~1250	粗晶与细晶交替混合
相变重结晶区	900~1100	晶粒细化，力学性能良好
不完全重结晶区	730~900	粗大的铁素体、晶粒细小的铁素体和珠光体，其力学性能不均匀，在急冷条件下可能出现高碳马氏体
母材	室温~300	没有受到热影响的母材部分

1. 热影响区的常温力学性能

热影响区内各区的常温力学性能是通过热模拟的方法测定的，即将每个区的焊接热循环在一定尺寸的工件上再现，然后进行相应的力学试验来得到相应数据。碳锰钢焊接热影响区的力学性能如图 4-18 所示。图中横坐标表示热影响区各点的最高加热温度。在 $T_{max}=Ac_1\sim Ac_3$ 的不完全重结晶区，由于晶粒尺寸不均匀，故强度最低；在 T_{max} 超过 Ac_3 的部位，强度随温度的上升而增大，塑性下降；在 $T_{max}=1300$℃处，强度、硬度达到最大值，温度继续上升，强度、硬度、塑性同时下降。对大多数的钢来说，力学性能最差的部位是过热区。因此，在研究热影响区的性能时，多以过热区为重点。过热区的性能还与冷却速度有关，图 4-19所示为冷却速度对过热区力学性能的影响。低碳钢与 Q345 钢的过热区在冷却速度提高时，其性能变化的趋势相同，即强度、硬度上升，塑性下降。但 Q345 钢的性能变化更为明显，说明合金钢对冷却速度的变化更为敏感。

2. 焊接热影响区的硬度分析

硬度指标虽然不是设计与计算的依据，但金属的硬度是反映材料成分、组织与力学性能的一个综合指标。当金属材料的化学成分一定时，硬度的变化可以表明组织与性能的变化。因此，通过对热影响区显微硬度值的测定，可以找到组织与性能变化最大的部位，即焊接接头上的薄弱环节。

测定热影响区的硬度分布时，一般在垂直于焊缝的横截面上进行。在与板面平行的 $A—A'$（穿过焊缝）和 $B—B'$（与焊缝轮廓线相切）两条线上，每隔 0.5mm 测量一个硬度值。图 4-20 所示为相当于 Q345 钢热影响区的硬度测定及硬度分布。由曲线可以看出，最高硬度值（HV_{max}）不在熔合线上，而在熔合线附近的过热区。一般情况下，硬度升高，塑性、韧性下降，抗裂能力减弱，因此，热影响区硬度最高的部位往往就是焊接接头的薄弱环节。此外，最高硬度值还可以表明母材对冷裂纹的敏感程度。

3. 热影响区的脆化

脆化是指材料韧性急剧下降，而由韧性转变为脆性的现象。脆性材料破坏时消耗的能量

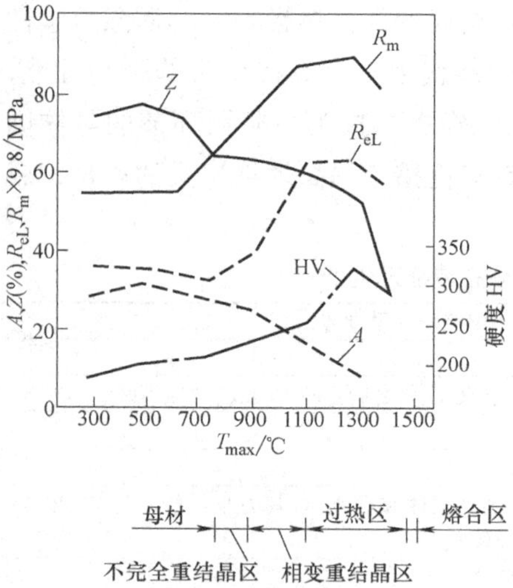

图 4-18　碳锰钢焊接热影响区的力学性能

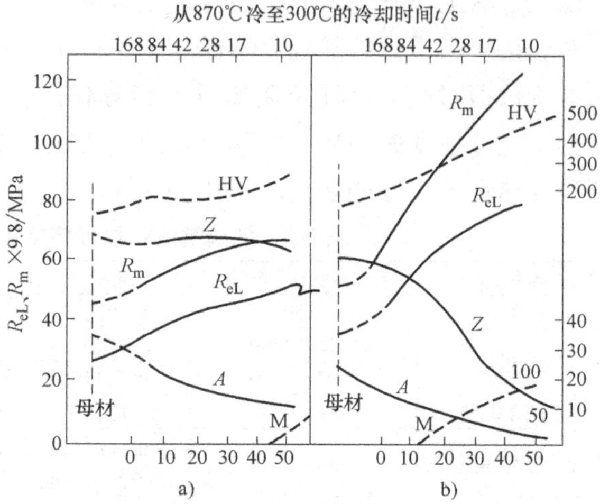

图 4-19　冷却速度对过热区力学性能的影响

a）低碳钢　b）Q345 钢

小，而且没有明显的塑性变形，一般属于突发性的低应力破坏，往往会造成严重的后果。热影响区的脆化是焊接结构失效的主要原因之一。各种钢的焊接接头过热区都有不同程度的脆化，显然脆化与加热温度高和形成过热组织有关，但不同材料导致脆化的具体因素有所不同。低碳钢与不易淬火的低合金钢，其脆化的主要原因是晶粒粗化，脆化程度不严重，在提高加热温度与冷却速度时还会有所缓解。通过沉淀强化而提高强度的钢，其过热区的脆化主要是由于在1300℃的高温下沉淀强化相溶解在奥氏体中，冷却时来不及析出，合金元素以过饱和状态存在于基体中所致。易淬火钢过热区的脆化主要是由马氏体相变造成的，其脆化程度取决于马氏体的形态和数量两个因素。当钢中碳的质量分数较低（w_C = 0.18%）时，得到低碳板条状马氏体，它具有较高的韧性，不会脆化，而且提高冷却速度时，韧性还会提高；反之，如果降低冷却速度，则过热区将出现铁素体 + 上贝氏体组织，韧性反而下降。当钢中的含碳量较高时，情况则会有所不同，在提高冷却速度时，高碳的针状马氏体增多，脆化更为严重。

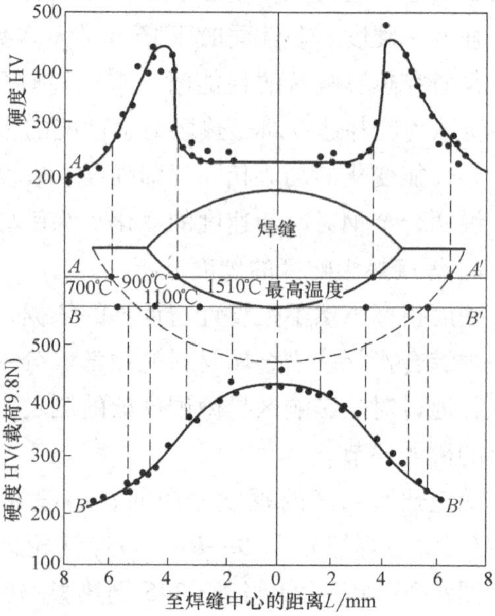

图 4-20　相当于 Q345 钢热影响区的硬度测定及硬度分布

（w_C = 0.20%，w_{Mn} = 1.38%，w_{Si} = 0.23%，δ = 20mm）

此外，在某些低碳钢和碳锰钢焊接接头中，对于加热温度在 Ac_1 以下（一般为400 ~ 600℃）的部位，焊后放置一定时间也会出现脆化现象。这个区在显微镜下观察不到组织的变化。

4. 热影响区的软化

软化是指热影响区焊后强度低于母材的现象，主要出现在强度较高的钢中，一般发生在焊前经过淬火 + 回火的回火区。造成软化的原因是加热温度超过焊前回火温度，软化的程度与焊前回火温度和焊接热输入有关。焊前回火温度越低，强度下降得越多，软化区越宽；焊接热输入越高，回火区越宽。

三、改善热影响区性能的途径

由于热影响区不参与化学冶金反应，焊后化学成分不会变化，不能像焊缝那样通过调整成分来改善其性能。因此，改善热影响区的性能要从选材和调整热过程入手，常用的措施有以下几种。

1. 采用高韧性母材

为了保证焊接热影响区焊后具有足够的韧性，近年来发展了一系列低碳微量多元素强化钢种。这些钢在焊接热影响区可获得韧性较高的组织——针状铁素体、下贝氏体或低碳马氏体，同时还有弥散分布的强化质点。

随着冶金技术的迅速发展，采用炉内精炼、炉外提纯等一系列工艺，使钢中杂质（S、P、N、O 等）的含量极低，加之微量元素的强化作用，可得到高纯度、细晶粒的高强度钢。这些钢有很高的韧性，其热影响区的韧性相应也有明显的提高。采用新钢种和先进的冶金技术，为扩大焊接技术的应用开辟了广阔的前景。但在母材的选用上，必须注重合理性。也就是说，钢材的质量与价格应与产品的重要性及工作条件相匹配，而不是一味地追求高质量。

2. 焊后热处理

焊后热处理（如正火或正火 + 回火）可以改善组织，有效提高性能，是重要产品制造中常用的一种工艺方法。但是，对于大型的、复杂的或在工地上装配的结构，即使采用局部热处理也很困难，因此焊后热处理的应用具有局限性。

3. 合理制订焊接工艺

合理制订焊接工艺包括正确选择预热温度、合理控制焊接参数及后热处理等，具体数据因钢种的成分不同而异。

【思考与练习】

一、选择题

1. 下列焊接方法中，热源的热量最集中的是（　　）。

A. 气焊　　B. 激光焊　　C. 氩弧焊　　D. 锻焊

2. 电弧焊是利用（　　）作为热源的熔焊方法。

A. 电弧　　B. 气体燃料火焰　　C. 化学反应热　　D. 激光束

3. 在电弧焊过程中，熔化母材的热量主要是（　　）。

A. 电阻热　　B. 机械能　　C. 化学热　　D. 电弧热

4. （　　）其实是指焊缝、熔合区和热影响区。

A. 坡口　　B. 焊接结构　　C. 焊接接头　　D. 焊缝形式

5. 焊件上某点的温度随时间变化的过程称为（　　）。

A. 焊接热循环　　B. 焊接热过程　　C. 焊接化学冶金　　D. 焊接温度场

6. 熔焊时，由焊接热源输入给单位长度焊缝的能量称为（　　）。

A. 温度场　　B. 热输入　　C. 热循环　　D. 热能

7. 焊接热输入与（　　）无关。

A. 焊接电流　　B. 电弧电压　　C. 空载电压　　D. 焊接速度

8. 熔深与（　　）成正比，而熔宽与其成反比。

A. 焊接电流　　B. 电弧电压　　C. 焊接速度　　D. 熔池长度

9. 晶粒内部和晶粒之间的化学成分是不均匀的，这种现象叫作（　　）。

A. 显微偏析　　B. 区域偏析　　C. 层状偏析　　D. 火口偏析

10. 焊缝中心的杂质往往比周围多，这种现象称为（　　）。

A. 层状偏析　　B. 显微偏析　　C. 区域偏析　　D. 火口偏析

11. 母材因受热的影响（未熔化）而发生组织与力学性能变化的区域叫作（　　）。

A. 焊缝　　B. 焊接热影响区　　C. 熔合区　　D. 过热区

12. （　　）区是不易淬火钢热影响区中综合性能最好的区域。

A. 过热区　　B. 正火区　　C. 部分相变区　　D. 熔合区

13. 焊缝与母材的交界区称为（　　）区。

A. 熔合　　B. 接合　　C. 过渡　　D. 热影响

14. 热影响区中的（　　）往往是焊接接头中最薄弱的环节。

A. 熔合区和过热区　　B. 熔合区　　C. 正火区　　D. 不完全正火区

15. 魏氏体是一种过热缺陷组织，经常出现在（　　）的铸、锻焊件中。

A. 亚共析钢　　B. 共析钢　　C. 过共析钢　　D. 非铁金属

16. 在焊接热源的作用下，焊件上某点的（　　）的过程称为焊接热循环。

A. 温度随时间变化　　B. 速度随时间变化

C. 温度随热场变化　　D. 温度随速度变化

17. 在焊接接头中，由熔化母材和填充金属组成的部分称为（　　）。

A. 熔合区　　B. 焊缝　　C. 热影响区　　D. 正火区

18. 低碳钢二次结晶后的组织是（　　）。

A. A + F　　B. F + P　　C. $A + Fe_3C$　　D. $P + Fe_3C$

19. 低碳钢由于结晶区间不大，所以（　　）不严重。

A. 层状偏析　　B. 区域偏析　　C. 显微偏析　　D. 火口偏析

20. 焊缝中的偏析、夹杂、气孔等缺陷是在焊接熔池的（　　）过程中产生的。

A. 一次结晶　　B. 二次结晶　　C. 三次结晶　　D. 一次和二次结晶

二、简答题

1. 生产中常用的焊接热源有哪些？各种焊接热源的特点是什么？

2. 用等温线表达温度场有什么优点？如何理解焊接温度场中“场”的概念及瞬时性？
3. 生产中为了改善焊接接头的组织，如何对焊接热循环进行调整？
4. 焊接对裂纹比较敏感的材料时，对焊缝成形系数有什么要求？如何选择焊接参数？
5. 实际生产中如何改善焊缝性能？
6. 为什么一般情况下热影响区中的过热区是整个焊接接头的最薄弱环节？

第五单元

焊接缺陷的产生与防止

【情景导入】

众所周知，“泰坦尼克”号沉没事件（图 5-1）是人类历史上最严重的海难事故之一。1912 年 4 月 14 日晚，号称“永不沉没”的当时世界第一豪华游轮“泰坦尼克”号，在北大西洋洋面撞上了冰山而沉入海底。1500 多人在此次事故中丧生。这场悲剧即便已经过去了一百多年，回想起来仍然令人扼腕叹息。从材料缺陷角度分析此次事故的原因，能够找到很多经验教训。

“泰坦尼克”号船体的铆钉和钢板的质量太差可能是导致这场海难的主要原因。调查发现，这些熟铁制成的铆钉中含有超过 15% 的矿渣，削弱了金属的力学性能，尤其是韧性。撞击中，铆钉发生脆断造成船壳钢板解体。另外，船壳钢板的质量也不够好，当时的炼钢技术并不十分成熟，造船工程师只考虑到要增加钢的强度，而没有想到要增加韧性，炼出的钢在现代的标准下根本不能用于造船。钢板中含有许多化学杂质——硫化锌，虽然其强度比普通钢板要强，但韧性却大为削弱。

图 5-1　英国皇家游轮“泰坦尼克”号沉没

焊接作为一种降低成本、提高生产率的有效方法，已成为现代造船工业的关键工艺。但随着各种低合金高强度钢，中、高合金钢，超高强度钢，以及各种合金材料日益广泛的应用，给焊接生产带来了许多新的问题，其中较为普遍而又十分严重的问题就是焊接缺陷。钢结构事故中，绝大多数是由焊接缺陷引起的。本单元将讨论焊接缺陷的产生与防止。

【学习目标】

通过本单元的学习，了解焊接缺陷的基础知识，理解焊接缺陷产生的原因，并能根据焊接缺陷产生的原因选用相应的防控措施，从而有效地改善焊接质量；了解气孔与夹杂的类型，熟悉气孔与夹杂产生的原因，理解影响气孔与夹杂产生的因素，掌握气孔与夹杂的控制措施；了解结晶裂纹的特征，熟悉结晶裂纹产生的原因，理解影响结晶裂纹产生的因素，掌握结晶裂纹的控制措施。

第一节　焊接缺陷的基本知识

焊接接头中产生的不连续、不致密或连接不良的现象称为焊接缺陷。常见的焊接缺陷主要有气孔、夹渣、裂纹、未熔合、未焊透和形状缺陷，其中主要的形状缺陷有咬边、弧坑、烧穿、焊瘤、凹陷、未焊满气孔和裂纹等，如图 5-2 所示。

形状缺陷（外观缺陷）是指不需借助仪器，即可从工件表面发现的缺陷。

1. 咬边

咬边是指沿着焊趾，在母材部分形成的凹陷或沟槽，它是由于电弧将焊缝边缘的母材熔化后没有得到熔敷金属的充分补充所留下的缺口。产生咬边的主要原因是电弧热量太高，即电流太大，而运条速度太小；焊条与工件间的角度不正确，摆动不合理；电弧过长；焊接次序不合理等。直流焊时，电弧的磁偏吹也是产生咬边的一个原因。某些焊接位置（立、横、仰）会加剧咬边的产生。

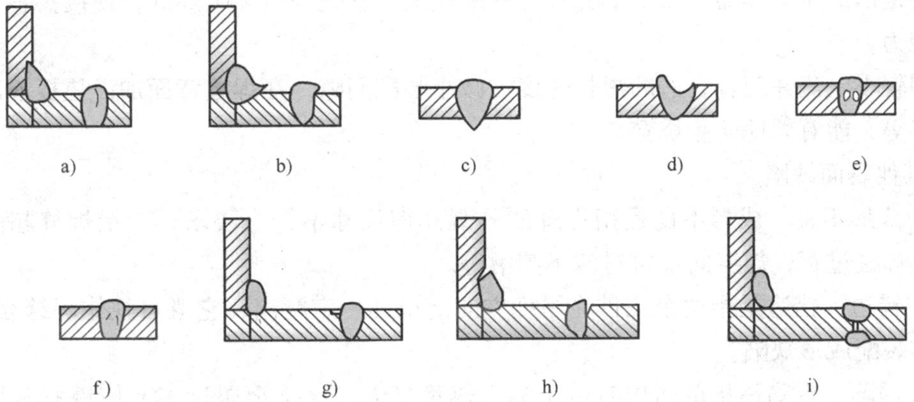

图 5-2　常见焊接缺陷

a）裂纹　b）焊瘤　c）烧穿　d）弧坑　e）气孔　f）夹渣　g）咬边　h）未熔合　i）未焊透

咬边减小了母材的有效截面积，降低了结构的承载能力，同时还会造成应力集中，发展为裂纹源。

矫正操作姿势，选用合理的焊接规范，采用良好的运条方式都会有利于消除咬边。焊接角焊缝时，用交流焊接代替直流焊接也能有效防止咬边。

2. 焊瘤

焊缝中的液态金属流到加热不足未熔化的母材上或从焊缝根部溢出，冷却后形成的未与母材熔合的金属瘤称为焊瘤。焊接规范过强、焊条熔化速度过快、焊条质量欠佳、焊接电源特性不稳定及操作姿势不当等都容易引起焊瘤。在横、立、仰位置更易形成焊瘤。

焊瘤常伴有未熔合、夹渣缺陷，易导致裂纹的产生。同时，焊瘤改变了焊缝的实际尺寸，会带来应力集中。管子内部的焊瘤减小了其内径，可能造成流动物堵塞。

3. 凹陷

凹陷是指焊缝表面或背面局部低于母材的部分。

凹陷多是由收弧时焊条（焊丝）未作短时间停留造成的（此时的凹陷称为弧坑），仰、立、横焊时，常在焊缝背面根部产生内凹。

凹陷减小了焊缝的有效截面积，弧坑常带有弧坑裂纹和弧坑缩孔。

4. 未焊满

未焊满是指焊缝表面上连续的或断续的沟槽。填充金属不足是产生未焊满的根本原因；焊接规范太弱、焊条过细、运条不当等也会导致未焊满。

未焊满同样削弱了焊缝，容易产生应力集中。同时，由于焊接规范太弱使冷却速度增加，容易带来气孔、裂纹等。

5. 烧穿

烧穿是指焊接过程中，熔深超过工件厚度，熔化金属自焊缝背面流出而形成的穿孔性缺陷。

焊接电流过大、焊接速度太慢、电弧在焊缝处停留过久都会产生烧穿缺陷；工件间隙太大，钝边太小时，也容易出现烧穿现象。

烧穿是锅炉压力容器产品上不允许存在的缺陷，它完全破坏了焊缝，使接头丧失其连接及承载能力。

选用较小电流并配合合适的焊接速度，减小装配间隙，在焊缝背面加设垫板或药垫，使用脉冲焊等，能有效地防止烧穿。

6. 其他表面缺陷

（1）成形不良　成形不良是指焊缝的外观几何尺寸不符合要求，包括焊缝超高、表面不光滑、焊缝过宽、焊缝向母材过渡不圆滑等。

（2）错边　错边是指两个工件在厚度方向上错开一定距离，它既可视作焊缝表面缺陷，又可视作装配成形缺陷。

（3）塌陷　塌陷是指单面焊时由于输入热量过大，熔化金属过多而使液态金属向焊缝背面塌落，成形后焊缝背面突起，正面下塌。

（4）表面气孔及弧坑缩孔

（5）各种焊接变形　角变形、扭曲、波浪变形等都属于焊接缺陷，0°角变形也属于装配成形缺陷。

第二节　气孔与夹杂产生的原因及其防止措施

一、气孔的产生与防控

焊接时，熔池中的气泡在凝固时未能及时逸出而残留下来所形成的空穴，称为气孔。其气体可能是熔池从外界吸收的，也可能是焊接冶金过程中反应生成的。

气孔的形状有球形、椭圆形、链状和蜂窝状等，位于焊缝表面的气孔称为外部气孔，位于焊缝内部的气孔称为内部气孔。

1. 气孔的分类

气孔按形状不同可分为球状气孔、条虫状气孔；按数量不同可分为单个气孔和群状气孔，如图 5-3 所示。群状气孔又有均匀分布气孔、密集状气孔和链状分布气孔之分。按气孔内气体的成分分类，有氢气孔、氮气孔、二氧化碳气孔、一氧化碳气孔、氧气孔等。熔焊气孔多为氢气孔和一氧化碳气孔。

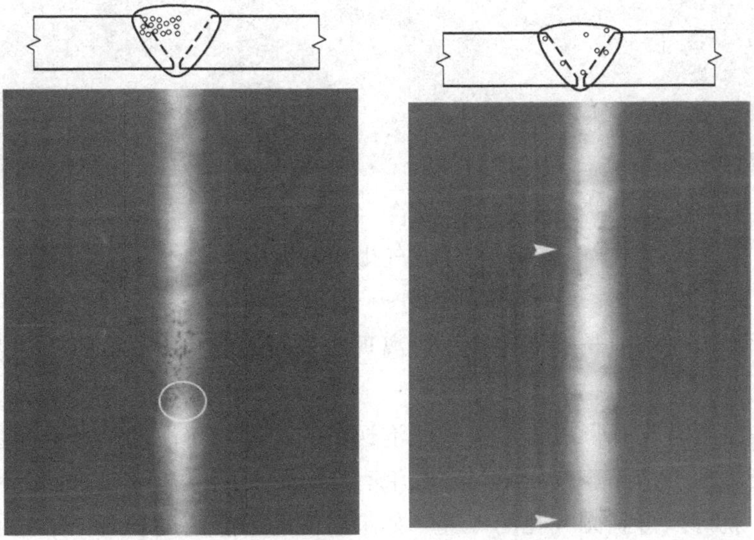

a)　　　　b)

图 5-3　气孔

a）群状气孔　b）单气孔

2. 气孔的形成机理

在常温固态金属中，气体的溶解度只有高温液态金属中气体溶解度的几百分之一至几十分之一。熔池金属在凝固过程中，有大量的气体要从金属中逸出来，当凝固速度大于气体逸出速度时，就形成了气孔。气孔的产生过程包括三个阶段：气泡的生核、长大和逸出，如图 5-4所示。

❖水结成冰是一个什么样的过程？能否用所学知识进行解释？

（1）气泡的生核　气泡的生核需要具备两个条件：

1）液态金属中有过饱和气体。

2）有足够的能量用于消耗（有现成表面存在时，可以大大降低能量的消耗）。

（2）气泡的长大　气泡核形成之后，气泡就要继续长大，气泡长大所需满足的条件是 $p_h > p_o$，p_h 为气泡内部压力，p_o 为阻碍气泡长大的外部压力。

（3）气泡的逸出　气泡核形成之后，在熔池金属中经过一个短暂的长大过程，便从液

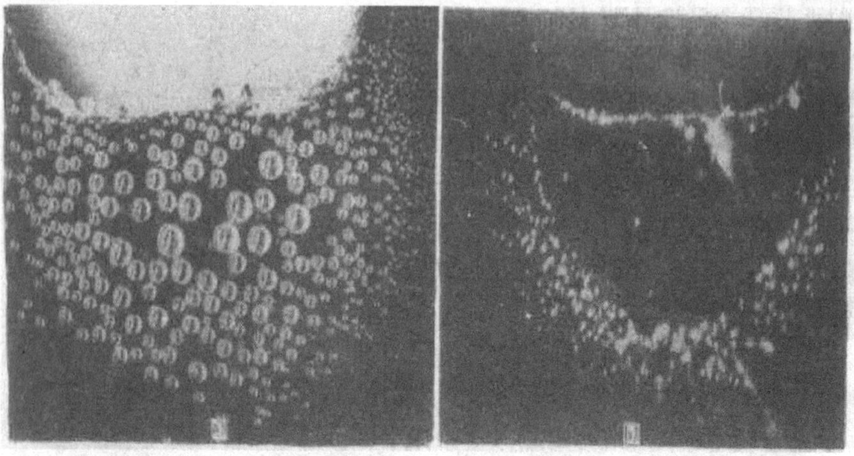

a)　　b)

图 5-4　气孔形成过程

a）焊后 10min　b）焊后 1h

态金属中向外溢出。气泡成长到一定大小脱离现成表面的能力主要取决于液态金属、气相和现成表面之间的张力。

焊缝金属中是否有气孔形成，取决于气泡逸出的速度与熔池的结晶速度。对于已经成核长大的气泡，当熔池的结晶速度较小时，气泡有充分的时间脱离现成表面，浮出液态金属表面而逸出熔池，就可以得到无气孔的焊缝。如果熔池的结晶速度较大，则气泡就有可能来不及逸出而形成气孔。

氢气孔和氮气孔是因为气体在液、固态金属中的溶解度差造成过饱和状态的气体析出所形成的气孔。氢气孔多出现在焊缝的表面，其断面形状如同螺钉，在焊缝表面呈喇叭口形，气孔的四周有光滑的内壁。这是由于氢气孔是在液态金属和枝晶界面上积聚析出，随枝晶生长而逐渐形成的。但是，氢气孔有时也会出现在焊缝的内部。例如，当焊条受潮，使焊缝中的含氢量过高，或者在焊接铝镁合金时，由于液态金属中氢的溶解度随温度的下降而急剧降低，析出的气体在熔池凝固时会因来不及上浮而残留在焊缝内部。

一氧化碳气孔和水蒸气气孔不溶于金属，在高温时，冶金反应中生成的 CO、H_2O 会以气泡的形式从熔池中高速逸出。但当结晶速度大于气泡的逸出速度时，CO、H_2O 气泡则会留在焊缝内部形成条虫状气孔。

气孔减小了焊缝的有效截面积，使焊缝疏松，从而降低了接头的强度和塑性，还会引起泄漏。气孔也是引起应力集中的因素。氢气孔还可能促成冷裂纹。

3. 产生气孔的主要原因

母材或填充金属表面有锈蚀、油污，焊条及焊剂未烘干等会增加气孔量。因为锈蚀、油污及焊条药皮、焊剂中的水分在高温下分解为气体，增加了高温金属中气体的含量。焊接热输入过小、熔池冷却速度大，不利于气体的逸出；焊缝金属脱氧不足会增加氧气孔量。

4. 影响气孔产生的因素

（1）铁锈和水分　铁锈是氧化铁的水化物（通式为 $m\mathrm{Fe_2O_3}\cdot n\mathrm{H_2O}$），在电弧高温的作用下，以结晶水形式存在的水分会产生大量的水蒸气，并使铁氧化而产生氢气。这些氢以原子或正离子的形式进入熔池，扩散至熔池金属中，在冷却过程中，随着溶解度的急剧下降而析出，若不能及时逸出金属，便会形成氢气孔。

（2）焊接冶金作用　在焊接熔池中，产生一氧化碳的途径主要是碳被氧直接氧化，以及通过 FeO 与 C 的冶金反应生成。一氧化碳不溶解于液态金属，大部分将以气泡的形式从熔池中逸出，但随着冷却过程中金属液体黏度的增大，来不及逸出的一氧化碳气体便形成了气孔。

（3）熔池受到空气侵入　氮气孔一般在熔池没有得到有效的保护，受到空气侵入时才会出现，正常情况下很少形成氮气孔。

影响焊缝中产生气孔的因素还有很多，如焊条的种类、电源极性、电弧长度、焊接速度和焊接方法等。使用碱性焊条时，由于碱性焊条比酸性焊条对铁锈和水分的敏感性大得多，特别是使用没有烘干或烘干温度和时间不够的焊条时，很容易产生气孔；使用直流弧焊电源时，采用直流反接比直流正接产生气孔的倾向要小；当电弧长度过大时，熔池失去了气体的保护，空气便很容易侵入熔池而形成气孔；若焊接电流偏小或焊接速度过快，熔池存在时间短，则气体来不及从熔池金属中逸出而易形成气孔；埋弧焊时，若使用过高的电弧电压或网络电压波动过大，也易产生气孔。

5. 防止气孔产生的措施

1）焊前仔细清理焊件，在焊缝两侧 20～30mm 的范围内除锈、去污。

2）焊前将焊条或焊剂按规定进行烘干，焊丝不得生锈。

❖如何进行除锈、去污处理？焊剂、焊条的烘干过程有什么要求？

3）加强熔池保护，焊剂或保护气体的送给不能中断；采用短弧焊接。

4）正确选择焊接参数，运条速度不得太快；对导热快、散热面积大的焊件，若周围环境温度低，则应进行预热。

5）选用含碳量较低及脱氧能力强的焊条，并采用直流反接进行焊接。

二、焊缝中夹杂的产生与防控

焊接冶金过程中产生的氧化物、硫化物与氮化物等在熔池快速凝固条件下，将残留在焊缝金属中形成夹杂物，如图 5-5 所示。焊缝中的夹杂物主要是夹渣，它是残留在焊缝中的焊渣，属于固体夹杂缺陷的一种。根据形成情况，夹渣可以分为线状夹渣、孤立夹渣及其他形式的夹渣。夹渣会降低焊缝的塑性和韧性；其尖角往往会造成应力集中，特别是在空淬倾向大的焊缝中，尖角顶点常形成裂纹。

1. 焊缝中夹杂物的危害

（1）氧化物　如果氧化物密集地以块或片状分布，则会在焊缝中引起热裂纹，在母材中也易起裂纹。

（2）氮化物　焊接低碳钢和低合金钢时，氮化物夹杂主要是四铁化氮，它是一种脆硬的化合物，会使焊缝的硬度增高，塑性、韧性急剧下降。

（3）硫化物　硫化物夹杂主要来源于焊条药皮或焊剂，经冶金反应进入熔池。

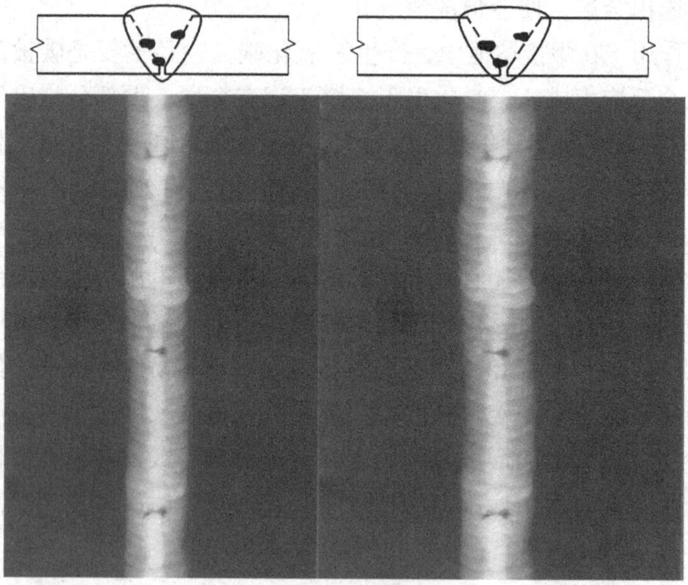

图5-5　焊缝中的夹杂物

试验发现，当钢中的含硫量极低时，反而易引起裂纹。当有微量的硫化物以弥散状态分布于金属中时，由于其具有溶氢作用，使氢不易聚集，降低了氢的有害作用，因而提高了抗裂性能。

2. 夹渣产生的原因

1）坡口尺寸不合理。

2）坡口有污物。

3）多层焊时，层间清渣不彻底。

4）焊接热输入小。

5）焊缝散热太快，液态金属凝固过快。

6）焊条药皮、焊剂的化学成分不合理，熔点过高。

7）钨极惰性气体保护焊时，电源极性不当，电流密度大，钨极熔化脱落于熔池中。

8）焊条电弧焊时，焊条摆动不良，不利于熔渣上浮。

可根据以上原因分别采取相应措施来防止夹渣的产生。

3. 防止焊缝中夹杂物的措施

1）选用合适的焊接参数，适当增加热输入，防止焊缝冷却过快，改善熔渣浮出熔池的条件，以利于熔渣的浮出。

2）多层焊时，注意清除前层焊缝的焊渣。

3）焊条要适当地摆动，以便使熔渣浮出。

4）操作时注意保护熔池，防止空气侵入。正确、有规则地运条，搅拌熔池，使铁液与熔渣分离。

第三节　结晶裂纹

焊接裂纹是指在焊接应力及其他致脆因素的共同作用下，焊接接头中局部地区金属原子的结合力遭到破坏而形成的新界面所产生的缝隙，如图 5-6 所示。

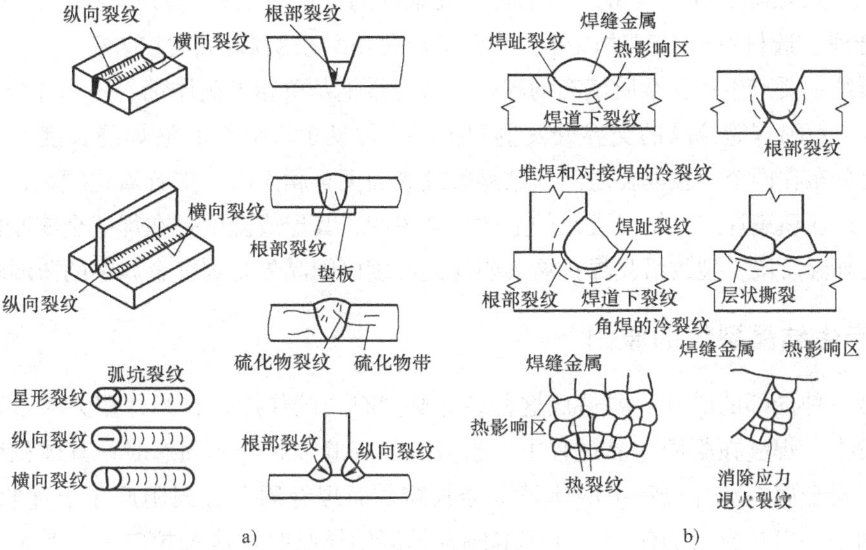

图 5-6　焊接裂纹

a）焊缝金属中的裂纹　b）焊接热影响区中的裂纹

一、裂纹的分类

1. 根据裂纹尺寸分类

（1）宏观裂纹　肉眼可见的裂纹。

（2）微观裂纹　在显微镜下才能发现的裂纹。

（3）超显微裂纹　在高倍数显微镜下才能发现的裂纹，一般指晶间裂纹和晶内裂纹。

2. 根据产生温度分类

（1）热裂纹　产生于 Ac_3 线附近的裂纹。一般是焊接完毕即出现，故又称结晶裂纹。这种裂纹主要出现在晶界处，裂纹面上有氧化色，失去了金属光泽。

（2）冷裂纹　在焊毕冷至马氏体转变温度 Ms 点以下时产生的裂纹，一般是在焊后一段时间（几小时，几天甚至更长）才出现，故又称延迟裂纹。

3. 根据产生原因分类

（1）再热裂纹　接头冷却后再加热至 500 ~ 700℃时产生的裂纹。再热裂纹产生于沉淀强化材料（如含 Cr、Mo、V、Ti、Nb 的金属）焊接热影响区内的粗晶区，一般从熔合线向热影响区的粗晶区发展，呈晶间开裂特征。

（2）层状撕裂　主要是由于钢材在轧制过程中，将硫化物（MnS）、硅酸盐等杂质夹在其中，形成各向异性。在焊接应力或外拘束应力的作用下，金属沿轧制方向的杂物开裂。

（3）应力腐蚀裂纹　在应力和腐蚀介质共同作用下产生的裂纹。除受残余应力或拘束应力的影响外，应力腐蚀裂纹主要与焊缝组织的组成及形态有关。

二、裂纹的危害

裂纹，尤其是冷裂纹，其带来的危害是灾难性的。世界上的压力容器事故，除极少数是由设计不合理、选材不当引起的以外，绝大部分是由裂纹引起的脆性破坏。

结晶裂纹主要产生在含杂质偏高的碳钢、低合金钢及单相奥氏体钢、镍基合金与某些铝合金焊缝中，一般沿焊缝枝晶的交界处发生和扩展。常见于焊缝中心沿焊缝长度扩展的纵向裂纹，有时也分布在两个树枝晶粒之间。结晶裂纹表面无金属光泽，带有氧化颜色，焊缝表面的宏观裂纹中往往填满焊渣。结晶裂纹的上述特征说明，其形成温度是在焊缝金属凝固后期熔渣尚未凝固的高温阶段，裂纹沿晶界扩展表明在此温度区间晶界是焊缝金属中的薄弱环节。

三、产生结晶裂纹的原因

裂纹是一种局部的破坏。要造成这种破坏必然有力的作用，且当作用力大于其抵抗力时破坏才会发生。焊缝在凝固结晶过程中，当液态的焊缝金属变成固态时，其体积缩小，同时凝固后的焊缝金属在冷却过程中的体积也会收缩，而焊缝周围金属阻碍了上述收缩，这样，焊缝就受到了一定拉应力的作用。在焊缝刚开始凝固结晶时，这种拉应力就产生了，但这时的拉应力不会引起裂纹，因为此时晶粒刚开始生长，液态金属比较多，流动性较好，可以在晶粒间自由流动，因而，由拉应力造成的晶粒间的间隙都能被液态金属填满。金属在结晶过程中，先结晶的金属比较纯，后结晶的金属含有较多的杂质，这些杂质会被不断生长的柱状晶体推向晶界，并聚集在晶界上。杂质中的硫等都能形成熔点较低的低熔点共晶体，例如，一般碳钢和低合金钢焊缝在含硫量较高时 FeS 与 Fe 发生作用能够形成低熔点（985℃）的 FeS-Fe 共晶体。当焊缝温度继续下降，大部分液态焊缝已凝固时，这些低熔点共晶由于熔点较低仍未凝固，从而在晶界间形成了一层液体夹层，即所谓的“液态薄膜”。由于液态金属本身不具有抗拉能力，这层液态薄膜使得晶粒与晶粒之间的结合力大为削弱。这样，在已增大了的拉应力的作用下，就使柱状晶体间的缝隙增大。此时，仅靠低熔点共晶液体难以填充扩大了的缝隙，就产生了裂纹。

由此可见，结晶裂纹是焊缝中存在的拉应力作用在晶界上的低熔点共晶体而造成的。如果没有低熔点共晶体存在，或者其数量很少，则晶粒与晶粒之间的结合比较牢固，虽然有拉应力的作用，仍不会产生裂纹。

资料卡片

❖ 结晶裂纹也称热裂纹，它多产生于接近固相线的高温下，有沿晶界分布的特征。但是，结晶裂纹有时也能在低于固相线的温度下，沿“多边形化边界”形成。热裂纹通常多产生于焊缝金属内，但也可能形成在焊接熔合线附近的被焊金属（母材）内。

四、影响结晶裂纹产生的因素

结晶裂纹的产生主要取决于焊缝金属在脆性温度区间的塑性和应变。前者取决于冶金因素，后者则取决于力的因素。因此，在分析结晶裂纹的影响因素时，从冶金及力学两个因素着手，以期找出防止结晶裂纹的有效措施。

（一）冶金因素对结晶裂纹的影响

1. 常用合金元素的影响

合金元素对结晶裂纹敏感性影响的规律很复杂，其中既有元素本身单独的作用，也有各元素相互之间的作用。下面仅讨论低碳钢和低合金钢中常见合金元素的影响。

（1）硫和磷　硫和磷都是提高结晶裂纹敏感性的元素，它们的有害作用来自以下几个方面：

1）当钢中含有微量的硫或磷时，结晶温度区间会明显加宽，如图 5-7 所示。

2）硫和磷能在钢中形成多种低熔点共晶，这些共晶体在焊缝金属凝固后期将形成液态薄膜。

3）硫和磷都是偏析度较大的元素，容易在局部富集，更有利于形成低熔点共晶或化合物。液态薄膜或偏聚的低熔点物质都会使金属在凝固后期的塑性急剧下降。

因此，硫和磷都是明显提高结晶裂纹敏感性的元素，对焊接质量的危害极大。

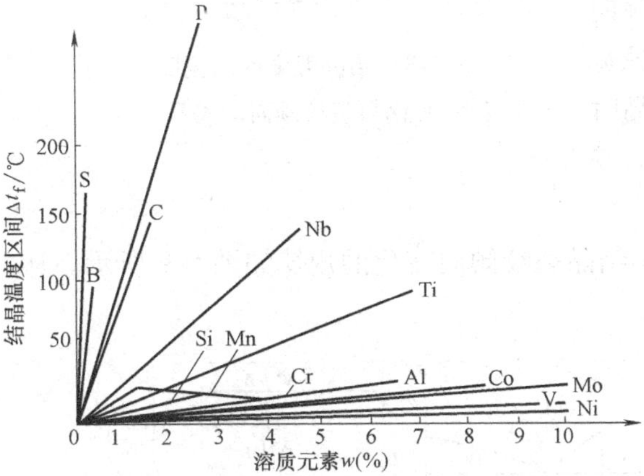

图 5-7　在 Fe-Me 二元合金中溶质元素对 Δt_f 的影响

表 5-1　硫和磷在 δ 和 γ 相中的最大溶解度（%）

元　素	在 δ 相	在 γ 相
硫	0.18	0.05
磷	2.8	0.25

（2）碳　碳是钢中必不可少的元素，但它在焊接时也是提高结晶裂纹敏感性的主要元素。它不仅本身会造成不利影响，而且会促使硫、磷的有害作用加剧。在 $Fe\text{-}Fe_3C$ 相图中，随着碳含量的增加，从液相中析出的初生相将发生变化。当 $w_C<0.10\%$ 时为单一 δ 相；当 $w_C=0.10\%\sim0.16\%$ 时，由于在 1493℃发生了包晶反应，初生相为 $\delta+\gamma$ 相；当 $w_C=0.16\%\sim0.51\%$ 时，金属在进行了包晶反应后，剩余的液体直接转变为 γ 相，全部凝固后为单一的 γ 相。可见随着 w_C 的增加，初生相由单一的 δ 相转变为 $\delta+\gamma$ 相最终转变为单一 γ 相。而硫、磷在 γ 相中的溶解度比在 δ 相中低得多，见表 5-1，初生相中的 γ 相越多，固相中能溶解的硫、磷越少，残留在液相中的硫、磷就越多，并富集于晶界处形成液态薄膜，使产生结晶裂纹的倾向增大。

（3）锰　锰可以脱硫，其脱硫产物 MnS 不溶于铁，可进入熔渣，少量残留在焊缝金属中呈弥散分布，对钢的性能无明显影响。因此，在一般钢焊缝中，锰可以抑制硫的有害作用，有助于提高焊缝的塑性，从而可以提高其抗结晶裂纹的能力。为了充分发挥 Mn 的有利作用，随着含碳量的增加，一般要求焊缝金属中应保证一定量的锰。

（4）硅　硅对结晶裂纹的影响随含量不同而不同。硅是 δ 相形成元素，其含量较低时有利于防止结晶裂纹的产生。但当 $w_{Si} \geqslant 0.42\%$ 时，由于会形成低熔点的硅酸盐，反而会使产生裂纹的倾向加大。此外，一些可形成高熔点硫化物的元素，如 Ti、Zr 和一些稀土元素，都具有很好的脱硫效果，也能提高焊缝金属的抗结晶裂纹能力。一些能细化晶粒的元素，由于晶粒细化后可以扩大晶界面积，打乱柱状晶的方向性，也能起到抗结晶裂纹的作用。但 Ti、Zr 和稀土元素大都与氧有很强的亲和力，故焊接时通过焊接材料过渡到熔池中比较困难。

2. 合金相图类型和固-液相温度差的影响

结晶裂纹的形成与合金的固-液相温度差（ΔT_f）有密切联系。以图 5-8 为例，图中阴影部分的垂直距离表示脆性温度区的宽度，它随固-液相间的垂直距离的增加（即 ΔT_f）而加宽，裂纹倾向也做相应的变化（图 5-8b 中的实线），在 ΔT_f 最宽处 S 点达到最大值。在实际生产中，不平衡结晶时 S 点向左下方移动 S'点。因此，实际的裂纹倾向变化规律如图 5-8b 中的虚线所示。

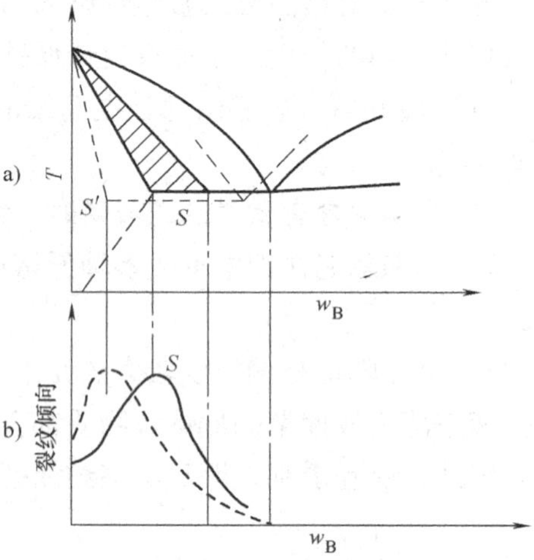

图 5-8　结晶温度区间宽度的变化与裂纹倾向的关系

根据上述规律，四种基本类型的二元相图的结晶裂纹倾向变化的规律如图 5-9 所示。从图示规律可得出以下结论：

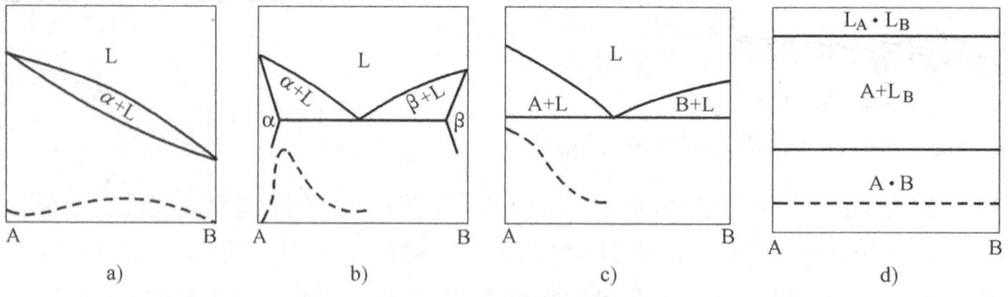

图 5-9　合金相图与结晶裂纹倾向的关系

a）完全互溶　b）有限互溶　c）机械混合物　d）完全不互溶

（虚线表示结晶裂纹倾向变化的规律）

1）与基本组元完全互溶的元素 B 对结晶裂纹倾向影响较小（图 5-9a）。

2）与基本组元有限互溶的元素 B，随着其含量的增加裂纹倾向开始增大。当元素 B 的含量增加到一定值后，裂纹倾向开始下降（图 5-9b）。

3）与基本组元基本不互溶，但能形成机械混合物的元素 B 的含量极少时，就会使裂纹倾向急剧加大（图 5-9c）。

4）与基本组元完全不互溶的元素 B 对结晶裂纹倾向无明显影响（图 5-9d）。

四种相图共同的规律是裂纹倾向随结晶温度区间的变化而变化。这一规律也适用于多元合金，但需考虑各元素之间的作用，情况更复杂些。

（二）力的因素对产生结晶裂纹的影响

焊接拉应力是产生结晶裂纹的必要条件。焊接拉应力的大小和许多因素有关，其中包括结构的几何形状、尺寸和复杂程度、焊接顺序、装配焊接方案以及冷却速度等。当产品结构一定时，可从工艺方面对力的因素加以控制。

冶金因素与力的因素是影响结晶裂纹形成的两个主要因素，二者之间既有内在联系，又有各自独立的规律。分析这些因素作用的主要目的就是要找到防止结晶裂纹的措施。

五、控制结晶裂纹的措施

由于结晶裂纹在焊接生产中的危害性很大，故应采取有效措施加以防止。在焊接生产中产生结晶裂纹的影响因素很多，但通过以上的分析，可以把其归结为两个主要因素，即冶金因素和力的因素。因此，防止结晶裂纹可主要从冶金和工艺两个方面着手，其中冶金措施更为重要。

1. 冶金措施

焊缝金属的成分、结晶形态会显著影响焊缝结晶裂纹倾向，在焊接过程中必须加以控制。

（1）控制焊缝金属的成分　焊缝中杂质含量的增加，会显著增加结晶裂纹的倾向，因此在焊接时，要控制焊缝金属中的杂质含量，尤其是 S、P、C 等强促进结晶裂纹的元素。合金化的程度越高，对杂质元素的限制越严格。

由于焊缝金属中 S、P、C 等杂质主要来源于母材和焊接材料，因此国家或行业标准对焊接结构用钢的化学成分、焊接材料（焊条药皮、焊剂等）中 C、S、P 含量都有严格规定。

（2）改善焊缝的结晶形态　在焊缝或母材中加入一些细化晶粒的元素，如 Mo、V、Ti、Zr、Al、Re 等元素，使焊缝金属形成细小晶粒，以提高其抗裂性能。

（3）调整熔渣的碱度　试验证明，焊接熔渣的碱度越高，熔池中脱硫、脱氧越完全，其中杂质越少，从而不易形成低熔点化合物，可以显著降低焊缝金属的结晶裂纹倾向。因此，在焊接较重要的产品时，应选用碱性焊条或焊剂。

2. 工艺措施

合适的工艺措施不仅可以改善焊缝形状，而且可以有效减小焊接应力，防止结晶裂纹的产生。

（1）防止熔池过热　熔池过热容易形成粗大晶粒而使结晶裂纹的倾向增加，应降低热输入，并采用小的焊接电流，这样可以通过减小晶粒度和降低应变量来减少结晶裂纹倾向。

（2）控制焊缝成形系数　焊接接头形式将会影响接头的受力状态、结晶条件和热分布，从而影响结晶裂纹倾向。如图 5-10 所示，表面堆焊和熔深较浅的对接焊缝有着较好的抗裂性，而熔深较大的对接焊缝和角焊缝的抗裂性较差。因为这些焊缝的收缩应力基本垂直于杂

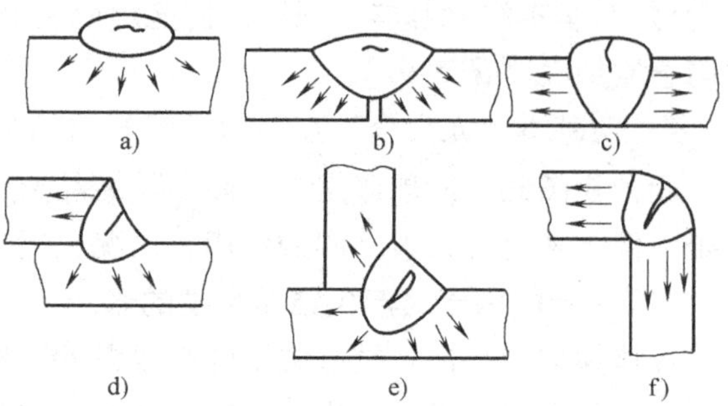

图 5-10 焊接接头形式对结晶裂纹倾向的影响

质聚集的结晶面，而使结晶裂纹的倾向增大。

实际上，结晶裂纹的倾向和焊缝成形系数 $\varphi=W/H$ 有关，如图 5-11 所示。一般情况下，提高焊缝成形系数可以提高焊缝的抗裂性能。从图 5-11 可以看出，当焊缝的含碳量提高时，为了降低结晶裂纹倾向，应该相应地提高宽深比，要避免采用 $\varphi<1$ 的焊缝截面形状。

（3）调整冷却速度 冷却速度越高，变形增长率越大，结晶裂纹倾向也越大。降低冷却速度可通过调整焊接参数或预热来实现。用增加热输入来降低冷却速度的效果是有限的，采用预热则效果较明显。但要注意，结晶裂纹形成于固相线附近的高温，需用较高的预热温度才能降低高温的冷却速度。高温预热将提高成本，恶化劳动条件，有时还会影响接头金属的性能，应用时要全面权衡利弊。实际生产中，只在焊接一些对结晶裂纹非常敏感的材料（如中碳钢、高碳钢或某些高合金钢）时，才用预热来防止结晶裂纹。

（4）减少焊接接头的刚度和拘束度 接头刚性越大，焊缝金属冷却收缩时受到的拘束应力也越大。在产品尺寸一定时，合理安排焊接顺序，对降低接头的刚度、减小内变形有明显效果，从而可以有效防止结晶裂纹。

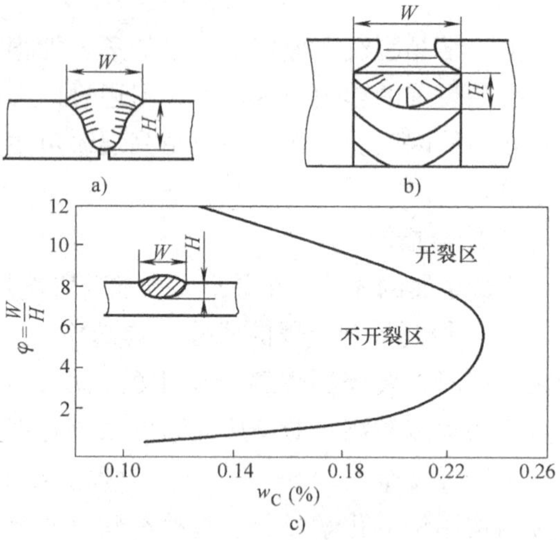

图 5-11 焊缝成形系数对焊缝结晶裂纹的影响

a）电弧焊缝 b）电渣焊缝

c）碳钢结晶裂纹与成形系数的关系

（$w_{Mn}/w_S \geqslant 18$，$w_S=0.02\%\sim0.35\%$）

上面结合影响结晶裂纹的因素介绍了一些主要的防止措施。生产中的实际情况比较复杂，必须根据具体条件（材料、产品结构、技术要求、工艺条件等）抓住主要问题，才能做到有针对性地采取措施。目前，结晶裂纹的形成与扩展规律已基本被人们所掌握，并在钢种设计、冶炼与焊接材料设计制造中采取了必要措施。因此，在焊接低碳钢和低合金可焊钢种时，只要做到选材正确、工艺合理和检验严格，结晶裂纹是完全可以避免的。

第四节 冷裂纹的产生与防控

冷裂纹是在焊毕冷至马氏体转变温度 *Ms* 以下时产生的裂纹，这种裂纹一般是在焊后一段时间（几小时、几天甚至更长）才出现，故又称延迟裂纹，如图 5-12 所示。

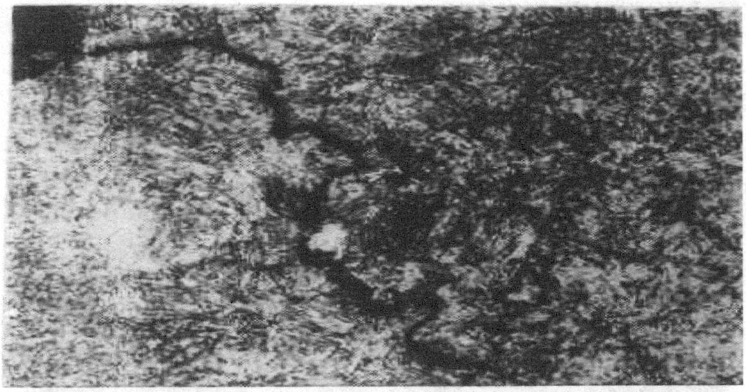

图 5-12　低合金钢根部冷裂纹

一、冷裂纹的特征

1）产生于较低温度下，且产生于焊后一段时间以后。

2）主要产生于热影响区，也有发生在焊缝区的。

3）可能是沿晶开裂、穿晶开裂或两者混合出现。

4）冷裂纹引起的构件破坏是典型的脆断。

对于低合金钢和中碳钢，冷裂纹的产生温度大约在钢的马氏体转变温度 *Ms* 附近。它是在拘束应力、淬硬组织和扩散氢的共同作用下产生的。

二、冷裂纹的种类

在焊接生产中，由于采用的钢种、焊接材料不同，结构的类型、刚度及施工的具体条件不同，可能出现各种形态的冷裂纹，如延迟裂纹、淬硬脆化裂纹和低塑性脆化裂纹。然而，在生产中经常遇到的主要是延迟裂纹，因此，这里重点讨论低合金高强度钢的延迟裂纹问题。

延迟裂纹还可以进一步分为以下三类。

1. 焊趾裂纹

如图 5-13 所示，焊趾裂纹起源于母材与焊缝交界处，并有明显应力集中的部位（如咬

图 5-13　焊趾裂纹和焊道下裂纹

肉，是指母材部分未焊满)。焊趾裂纹的走向经常与焊道平行，一般由焊趾表面开始向母材的深处扩展。

2. 焊道下裂纹

焊道下裂纹经常发生在淬硬倾向较大、含氢量较高的焊接热影响区。一般情况下，焊道下裂纹的走向与熔合线平行，但也有垂直于熔合线的，如图 5-14 所示。

图 5-14　焊道下裂纹

3. 根部裂纹

根部裂纹是延迟裂纹中比较常见的一种形态，主要发生在含氢量较高、预热温度不足的情况下。这种裂纹与焊趾裂纹相似，起源于焊缝根部应力集中最大的部位。根部裂纹可能出现在热影响区的粗晶段，也可能出现在焊缝金属中，这取决于母材和焊缝的强韧程度，以及根部的形状，如图 5-15 所示。

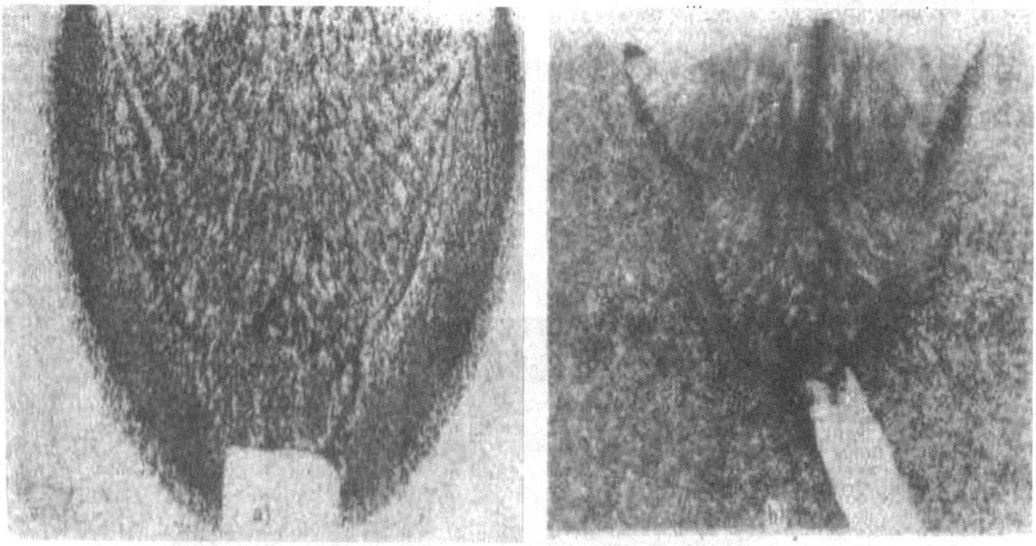

图 5-15　根部裂纹

三、冷裂纹的产生机理

冷裂纹的产生机理如下：

1）淬硬组织（马氏体）减少了金属的塑性储备。

2）接头的残余应力使焊缝受拉。

3）接头内有一定的含氢量。

❖结晶裂纹与冷裂纹的影响因素及其防控措施有何异同？

1. 钢种的淬硬倾向

钢种的淬硬倾向主要取决于化学成分、板厚、焊接工艺和冷却条件等。焊接时，钢种的淬硬倾向越大，越容易产生裂纹。因此，采用高强度钢制造焊接结构就受到了限制。钢淬硬后引起开裂的原因可归纳为以下两方面。

（1）形成脆硬的马氏体组织　马氏体是碳在α-铁中的过饱和固溶体，碳原子以间隙原子的形态存在于晶格中，使铁原子偏离平衡位置，晶格发生较大的畸变，致使组织处于硬化状态。特别是在焊接条件下，近缝区的加热温度很高（1350～1400℃），使奥氏体晶粒严重长大，当快速冷却时，粗大的奥氏体将转变为粗大的马氏体。由金属的强度理论可知，马氏体是一种脆、硬的组织，其发生断裂时将消耗较低的能量。因此，当焊接接头中有马氏体存在时，裂纹易于形成和扩展。

（2）淬硬会形成更多的晶格缺陷　金属在热力不平衡的条件下会形成大量的晶格缺陷，这些晶格缺陷主要是空位和位错。用透射电镜观察可知，条状马氏体内部亚结构位错的密度为$0.3\times10^{12}\sim0.9\times10^{12}g/cm^2$。

2. 焊接接头的应力状态

焊接高强钢时是否产生延迟裂纹，不仅取决于钢的淬硬倾向和氢的有害作用，还取决于焊接接头所处的应力状态，在某些情况下，应力状态甚至还会起决定性的作用。

焊接条件下主要存在以下几种应力。

（1）热应力　焊接时，焊接区由于受热而发生膨胀，从而承受压应力，冷却时由于收缩又承受拉应力，故焊后将会产生不同程度的残余应力。残余应力的大小与母材和填充金属的热物理性质有关，同时也与结构的刚度有关。对于屈服强度较小的低碳钢，残余应力可达R_{eL}的1.2倍。在应力的作用下会引起氢的聚集，从而诱发氢致裂纹。

（2）金属相变时产生的组织应力　高强钢在奥氏体分解时（析出铁素体、珠光体、马氏体等）会引起体积膨胀，而且转变后的组织都具有较小的线胀系数。

（3）结构自身拘束条件造成的应力　这种应力是指结构的刚度、焊缝位置、焊接顺序、构件自重、负载情况及其他受热部位冷却过程中的收缩等均会使焊接接头承受不同的应力。因为这方面涉及的因素很多，而且很难找出规律性，因此目前还处于经验阶段。

以上焊接接头所承受的三种应力都是焊接钢结构时不可避免的，由于它们都受到各种条件的拘束，因此将其综合作用统称为拘束应力。为了便于分析研究，可将拘束应力分为内拘束应力（即热应力和相变应力）和外拘束应力（结构刚度、焊接顺序、承载情况等造成的应力）。

3. 氢的作用

氢是引起高强钢焊接冷裂纹的重要因素之一，并且有延迟的特征。因此，许多文献中把由氢引起的延迟裂纹称为氢致裂纹或氢助裂纹。高强钢焊接接头的含氢量越高，其对裂纹的敏感性越大，当局部地区的含氢量达到某一临界值时，便开始出现裂纹。

四、影响焊接冷裂纹的主要因素

由前面的讨论可知，影响冷裂纹的因素很多，也很复杂。这里主要讨论钢种化学成分、拘束应力、氢的有害作用及焊接工艺等（如焊接材料、热输入、预热、后热和多层焊等）的影响。

1. 钢种化学成分的影响

钢种化学成分对冷裂纹的影响，实质上就是对钢淬硬倾向的影响。即钢种的碳当量越高，淬硬倾向越大，冷裂纹的敏感性也越大。

2. 拘束应力的影响

拘束应力是焊接时产生裂纹的必要条件，然而正确估算焊接拘束应力的大小是十分困难的。焊接结构的类型很多，如船体、桥梁、球罐、重型机械、压力容器及电站外壳等，而每种结构又有不同的板厚、坡口形式和焊缝位置，这些都会在焊接时引起不同的拘束应力，从而就会造成焊接区的不同冷裂倾向。工程上常借助拘束度来求拘束应力。一般来讲，板厚越大，拘束度就越大。

3. 氢的有害作用

氢的有害影响在前面已作了初步讨论，这里主要从焊接接头局部区域由缺口效应、应力集中、微区应变、微观缺陷及冷却条件等所造成的氢聚集来说明氢的有害作用。

焊接完成的瞬间，可以认为焊缝金属中的氢是均匀分布的。在冷却过程中，除向表面逸出氢之外，还向母材热影响区扩散氢。然而，由于这种扩散是不均匀的，故常在有塑性应变和微观缺陷的部位发生氢的聚集，使这个部位很快达到临界氢浓度。

4. 焊接工艺对冷裂纹的影响

施工中采用的焊接工艺，如焊接材料、焊接热输入、焊前预热、后热、多层焊及焊接顺序等对冷裂纹均有不同程度的影响。

（1）焊接热输入的影响　对于一些重要结构，应严格控制焊接热输入。若焊接热输入过大，会引起近缝区晶粒粗大，降低接头的抗裂性能；若焊接热输入过小，则会使热影响区淬硬，也不利于氢的逸出，从而也增大了冷裂倾向。因此，不同钢种应选用最佳的焊接热输入。

（2）预热的影响　预热可以有效防止冷裂纹的产生，但合理地选择预热温度是十分重要的。预热温度过高，一方面恶化了劳动条件，另一方面在局部预热的条件下，由于产生附加应力，反而会促使产生冷裂纹。因此，预热温度不是越高越好，而是应合理地选择预热温度。

（3）焊后后热的影响　许多试验表明，焊后进行紧急后热可以使扩散氢充分逸出，在一定程度上有降低残余应力的作用，也可适当改善组织。

（4）多层焊的影响　多层焊时，由于后层对前层有消氢和改善热影响区组织的作用，因此，其预热温度可比单层焊时适当降低。有人曾用碳的质量分数为0.14%，P_{cm}为0.221的钢板，采用对接半V形坡口进行根部裂纹试验，扩散氢含量为5.3mL/100g，焊接热输入为25.4kJ/cm，在室温下焊接时，裂纹的潜伏期约为8min。如果在第一层焊后8min以前就施焊第二层，则即使不预热也不会产生根部裂纹，这说明多层焊对防止冷裂纹有良好的作用。

五、冷裂纹的控制措施

根据上面所讨论的影响因素，防止冷裂纹的途径包括冶金和工艺两方面。

1. 冶金方面

近年来，从冶金方面防止冷裂纹已取得令人满意的成果，主要是从冶炼技术上提高钢材的品质。

1）采用低碳、多种微量合金元素的强化方式，在提高强度的同时，也保证了具有足够的韧性。

2）采用精炼技术，尽可能减少钢中的杂质，将硫、磷、氧、氮等元素的含量控制在极低的水平。实践证明，这类钢具有良好的抗冷裂性能，例如，近年来研制成功的国产CF钢，其碳的质量分数只有0.06%，$P_{cm}=0.16\%$，采用相应的低氢焊条，焊前不预热，焊后不进行热处理，即使板厚达到50mm，也不产生裂纹。

3）采用低氢型碱性焊条，严格烘干，在100～150℃下保存，随取随用。从焊接本身所能采用的冶金途径来说，主要是选用优质的低氢焊接材料和低氢焊接方法，这是防止冷裂纹产生的有效措施之一。在一般焊接生产中，对于不同强度级别的钢种，都有相应配套的焊条和焊丝、焊剂，它们基本上可以满足要求。然而对于某些重要的焊接结构来说，从防止裂纹的角度出发，应采用超低氢、高强度、高韧性的焊接材料。

2. 工艺方面

焊接工艺一般包括制订施工顺序，选择焊接热输入、预热温度，焊后后热，以及进行焊后热处理等。为了改善接头的应力状态，应合理地选择焊缝匹配，注意焊缝的分布位置和施焊顺序。

1）应仔细清理焊丝与钢板坡口附近的铁锈、油污等。对于熔炼焊剂，因经过高温熔炼，故所含水分较少，焊前一般在250℃下烘干保温2h即可；对于烧结焊剂，特别是粘接焊剂，应在制造后密封存放，开封后应立即使用，不能存放过久，否则会吸潮。

2）提高预热温度，采用后热措施，并保证层间温度不小于预热温度，选择合理的焊接规范，避免焊缝中出现淬硬组织。

3）选用合理的焊接顺序，减小焊接变形和焊接应力。

4）焊后及时进行消氢热处理。

第五节　其他焊接裂纹

一、液化裂纹

液化裂纹主要产生于焊缝熔合线附近的母材中，有时也产生于多层焊的先施焊焊道内。

其形成原因是在焊接热的作用下，焊缝熔合线外侧金属内产生沿晶界的局部熔化，以及在随后冷却收缩时引起的沿晶界液化层开裂。造成这种裂纹的原因有两个：一是材料晶粒边界有较多的低熔点物质；二是由于迅速加热，使某些金属化合物分解而又来不及扩散，导致局部晶界出现一些合金元素的富集甚至达到共晶成分。防止这类裂纹的方法为严格控制杂质含量，合理选用焊接材料，尽量减少焊接热的作用。

二、多边化裂纹

多边化裂纹是在低于固相线温度下形成的。其特点是沿“多边形化边界”分布，与一次结晶晶界无明显关系；易产生于单相奥氏体金属中。这种现象可解释为由于焊接的高温过热和不平衡的结晶条件，使晶体内形成大量的空位和位错，在一定温度、应力的作用下排列成亚晶界（多边形化晶界），当此晶界与有害杂质富集区重合时，往往会形成微裂纹。消除这种缺陷的方法是加入可以提高多边形化激活能的合金元素，如在 Ni-Cr 合金中加入 W、Mo、Ta 等；另一方面是减少焊接时的过热和减小焊接应力。

三、淬火裂纹

淬火裂纹产生在钢的马氏体转变点（*Ms*）附近或在 200℃以下，主要发生于中、高碳钢，低合金高强度钢及钛合金等，主要产生部位在热影响区及焊缝金属内，裂纹走向为沿晶或穿晶。形成冷裂纹的主要因素有：①金属的含氢量偏高；②脆性组织或对氢脆敏感的组织；③焊接拘束应力（或应变）。

四、氢致延迟裂纹

焊接过程中，溶于焊缝金属内的氢向热影响区扩散、偏聚，特别是在容易开裂的三轴拉应力集中区富集而引起氢脆，降低了金属在开裂位置（或裂纹前端）的临界应力。当此处的局部应力超过此临界应力时，就会造成开裂。这种裂纹的形成有明显的时间延迟特征，其原因在于氢扩散富集需要时间（孕育期）。产生此种裂纹的条件是存在氢和对氢敏感的组织，同时又有较大的拘束应力。因此，它常产生在应力严重集中的焊件根部和缝边以及过热区。防止氢致延迟裂纹的措施包括：①降低焊缝中的含氢量，如采用低氢焊条、严格烘干焊接材料等；②采用合理的预热及后热措施；③选用碳当量较低的原材料；④减小拘束应力，避免应力集中。

五、变形裂纹

变形裂纹的形成不一定是因为氢含量偏高，在多层焊或角焊缝产生应变集中的情况下，若拉伸应变超过了金属的塑性变形能力，也会产生变形裂纹。

六、再热裂纹

再热裂纹产生于某些低合金高强度钢、珠光体耐热钢、奥氏体型不锈钢及镍基合金焊后的再次高温加热过程中。一般认为，其产生的主要原因为当焊后再次加热到 500 ~ 700℃时，在热影响区的过热区内，由于特殊碳化物析出引起的晶内二次强化、一些弱化晶界的微量元素的析出，以及使焊接应力松弛时的附加变形集中于晶界处，而导致沿晶开裂。因此，这种裂纹具有晶间开裂的特征，并且都发生在有严重应力集中的热影响区的粗晶区内。为了防止这种裂纹的产生，首先在设计时要选择对再热裂纹敏感性低的材料，其次从工艺上要尽量减少近缝区的内应力和应力集中问题。

七、层状撕裂

层状撕裂主要产生于厚板角焊时。其特征为撕裂方向平行于钢板表面，沿轧制方向呈阶梯形发展。这种裂纹往往不限于热影响区内，也可出现在远离表面的母材中。其产生的主要原因是金属中非金属夹杂物的层状分布，使钢板沿板厚方向的塑性低于沿轧制方向的塑性；另外，由于厚板角焊时在板厚方向造成了很大的焊接应力，所以引起了层状撕裂。通常认为，片状硫化物夹杂的危害最大，而层状硅酸盐和过量密集的氧化铝夹杂物也有一定影响。要防止这种缺陷，主要应在冶金过程中严格控制夹杂物的数量和分布状态；另外，改进接头设计和焊接工艺也有一定的作用。

常见焊接缺陷的产生原因与防止措施见表5-2。

表5-2　常见焊接缺陷的产生原因与防止措施

缺陷种类	产生原因	防止措施
夹渣	(1)熔渣超前 (2)多层焊时，焊丝偏向一侧；或者电流过小，导致焊剂残留在两层焊道之间 (3)前一层焊道清渣不彻底 (4)对接时，根部间隙大于0.8mm，使焊剂流入电弧前的间隙 (5)表面焊时电压太高，使游离的焊剂卷入焊道	(1)放平焊件或加快焊速 (2)焊丝始终对准坡口中心线，加大电流，使焊剂熔化干净 (3)每道焊道彻底清渣 (4)严格装配，保证根部间隙均匀且小于0.8mm (5)表面焊时，控制电压不要过高
咬边	(1)焊接速度过快 (2)电流与电压匹配不当（如焊接电流过大） (3)衬垫与焊件之间的间隙过大，没有贴紧 (4)船形焊时，焊丝偏于底板；船形焊时，焊丝偏离焊缝中心 (5)极性不对	(1)放慢焊速 (2)焊接电流要合适 (3)使衬垫与焊件表面紧贴以消除间隙 (4)船形焊时，焊丝偏于立板；船形焊时，焊丝对准中心线 (5)改变极性
满溢	(1)电流过大 (2)焊速过慢 (3)电压过低	调整焊接参数
烧穿	(1)电流过大 (2)焊速过慢且焊接电压过低 (3)局部间隙过大	(1)减小电流 (2)控制电压和焊速 (3)保证根部间隙不要过大
未焊透	(1)焊接参数不当（电流过小、电压过高等） (2)坡口不合理 (3)焊丝偏离接口中心线	(1)调整焊接参数 (2)修整坡口，使其符合要求 (3)使焊丝对准接口中心线
裂纹	(1)焊件、焊丝、焊剂等材料配合不当 (2)焊丝中的含碳量和含硫量较高 (3)焊接区冷却快，使热影响区硬化 (4)焊缝成形系数太小 (5)多层焊第一道焊道截面积小 (6)焊接顺序不合理 (7)焊件刚度大	(1)合理选配焊接材料 (2)选用合格的焊丝 (3)焊前预热、焊后缓冷，降低焊速 (4)调整焊接参数，改进坡口形式 (5)调整焊接参数 (6)合理安排焊接顺序 (7)焊前预热及焊后缓冷

（续）

缺陷种类	产生原因	防止措施
余高过大	(1)电流过大或电压过低 (2)上坡焊时倾角过大 (3)缝焊时焊丝位置不当(相对于焊件的直径和焊接速度) (4)衬垫焊时,焊件坡口间隙不够大	(1)调整焊接参数 (2)调整上坡焊倾角 (3)确定正确的焊丝位置 (4)适当加大坡口间隙
宽度不均匀	(1)焊接速度不均匀 (2)焊丝导电不良	(1)找出原因,消除故障 (2)更换导电嘴衬套
气孔	(1)坡口及其附近表面或焊丝表面有油、锈等脏物 (2)焊剂潮 (3)焊剂覆盖量不够,空气侵入熔池 (4)焊剂覆盖太厚,导致熔池中的气体逸出后排不出来 (5)焊接电流大 (6)有磁偏吹存在 (7)极性接反	(1)仔细清理焊丝表面,预先用钢丝刷对坡口除污,并用砂轮清理坡口附近表面,然后用火焰烘烤除油 (2)在 250 ~ 300℃ 下烘干 1 ~ 1.5h,去除焊剂中的水分 (3)用钢丝刷回收焊剂 (4)扩大或缩小软管直径,使焊剂输送量适当减小 (5)适当减小电流 (6)采用交流焊接 (7)调换极性

【思考与练习】

一、填空题

1. 常见的焊接缺陷有________、________、________、________等。
2. 气孔按所在位置分为________和________两类。
3. 常见的形状缺陷有________、________、________、________等。
4. 形成气孔的气体有________、________、________等。
5. 影响结晶裂纹形成的因素有________、____________等。
6. 形成冷裂纹的因素有________、________、________等。
7. 常见的焊接裂纹有________、________、________、________等。
8. 常见的夹杂物有________、________、________等。
9. 焊接接头中产生________、________、________的现象称为焊接缺陷。
10. 常见的其他裂纹有________、________、________、________等。

二、简答题

1. 什么叫焊接缺陷？常见的焊接缺陷有哪些？
2. 形成气孔的影响因素及其防控措施有哪些？
3. 形成夹杂的影响因素及其防控措施有哪些？
4. 形成结晶裂纹的影响因素及其防控措施有哪些？
5. 形成冷裂纹的影响因素及其防控措施有哪些？

第六单元

焊接材料

【情景导入】

焊接材料（图6-1）是决定焊接接头质量的关键因素之一，有人说“焊接是七分材料三分工艺”，不管此说法正确与否，它确实表明了焊接材料的重要性。在电弧焊发展初期，用光焊条进行焊接不易引燃电弧，电弧不能稳定燃烧，焊接飞溅大，焊缝不连续，成形极差；因为缺乏保护作用，空气直接参与了焊接时的冶金过程，焊缝金属吸收了大量气体（氮和氢），金属的性能极脆，焊接接头没有实用价值。本单元将介绍焊接材料的基础知识。

图6-1　焊接材料

【学习目标】

通过本单元的学习，了解和掌握焊接材料的种类、性能、用途及一般选用原则，达到正确选择和使用焊接材料的目标。

第一节　焊　条

一、焊条的组成及作用

焊条是由焊芯（金属芯）和药皮组成的。焊条电弧焊时，焊条既做电极，又做填充金属。

焊条的一端为引弧端，其药皮一般被磨成45°左右的倒角，以便于引弧。焊条的另一端为夹持端，是一段长度为15～25mm的裸露焊芯，便于焊钳夹持并有利于导电。在靠近夹持端药皮处印有该焊条的牌号，以便焊工使用时识别。焊条直径是以焊芯直径来表示的，常用的有ϕ1.6mm、ϕ2.0mm、ϕ2.5mm、ϕ3.2mm、ϕ4.0mm、ϕ5.0mm、ϕ5.8mm等几种规格。焊条长度是指焊芯的长度，一般为250～450mm。

1. 焊芯

焊芯是一根实心金属棒，一般是从热轧盘条拉拔成丝之后截取的。焊接时，焊芯一般有两个作用：一是作为电极传导电流，产生电弧把电能转换成热能；二是作为焊缝的填充金属，焊芯本身熔化作为填充金属与液体母材金属熔合形成焊缝。

焊条电弧焊时，焊芯金属占整个焊缝金属的50%～70%，所以焊芯的化学成分直接影响焊缝的质量，必须严格控制。这种焊接专用钢丝用于埋弧焊、电渣焊、气焊、气体保护焊等熔焊方法做填充金属时，则称为焊丝。

2. 药皮

压涂在焊芯表面的涂料层称为药皮，它是决定焊缝金属质量的主要因素之一。生产实践证明，焊芯和药皮之间要有一个适当的比例，这个比例就是焊条药皮与焊芯（不包括夹持端）的质量比，称为药皮的质量系数，用 k_b 表示，k_b 值一般在40%～60%之间。

（1）药皮的组成　焊条药皮是由各种矿物类、铁合金和金属类、有机物类及化工产品等原料按一定比例和用途组成的。焊条药皮组成物按其在焊接过程中的作用，可分为稳弧剂、造渣剂、造气剂、脱氧剂、合金剂、稀释剂、粘结剂及增塑、增弹、增滑剂八大类，其成分及作用见表6-1。

表6-1　焊条药皮组成物的名称、成分及主要作用

名称	成分	主要作用
稳弧剂	碳酸钾、碳酸钠、钾硝石、水玻璃及大理石或石灰石、花岗石、钛白粉等	改善焊条的引弧性能和提高焊接电弧的稳定性
造渣剂	钛铁矿、赤铁矿、金红石、长石、大理石、花岗石、萤石、菱苦土、锰矿、钛白粉等	形成具有一定物理、化学性能的熔渣，产生良好的机械保护作用和冶金处理作用
造气剂	分为无机物和有机物两类。无机物常用碳酸盐类矿物，如大理石、菱镁矿、白云石等；有机物常用木粉、纤维素、淀粉等	形成保护气氛，有效地保护焊缝金属，同时也有利于熔滴过渡
脱氧剂	锰铁、硅铁、钛铁等	是对熔渣和焊缝金属进行脱氧
合金剂	铬、钼、锰、硅、钛、钨、钒的铁合金和金属铬、锰等纯金属	向焊缝金属中掺入必要的合金成分，以补偿已经烧损或蒸发的合金元素和补加特殊性能的合金元素
稀释剂	萤石、长石、钛铁矿、金红石、锰矿等	降低焊接熔渣的黏度，增加熔渣的流动性
粘结剂	水玻璃或树胶类物质	将药皮牢固地粘结在焊芯上
增塑、增弹、增滑剂	白泥、钛白粉增加塑性，云母增加弹性，滑石和纯碱增加滑性	改善涂料的塑性、弹性和滑性，使其易于用机器压涂在焊芯上

（2）药皮的作用

1）机械保护作用。利用焊条药皮熔化后产生的气体和形成的熔渣，起隔离空气的作用，防止空气中的氧、氮侵入，保护熔滴和熔池金属。

2）冶金处理渗合金作用。通过熔渣与熔化金属发生的冶金反应，除去有害杂质（如氧、氢、硫、磷等）和添加有益元素（如硅、锰等），使焊缝获得合乎要求的力学性能。

3）改善焊接工艺性能。使电弧稳定燃烧、飞溅少、焊缝成形好、熔敷效率高，适用全位置焊接等。

❖焊条药皮脱落后还能继续使用么？使用没有药皮的光焊条焊接会怎么样？

（3）常见药皮的类型　为了适应各种工作条件下材料的焊接，对于不同的焊芯和焊缝要求，必须使用具有一定特性的药皮。根据国家标准，常用药皮类型的主要成分、性能特点和适应范围见表6-2。

资料卡片

❖ 焊条药皮如同中药处方，是由十几种矿物质、铁合金、化工产品、有机物组成的，药皮中的主要成分不同，焊条的工艺性能及特点也不同。

表6-2　常用药皮类型的主要成分、性能特点和适应范围

药皮类型	主要成分	性能特点	适应范围
钛铁矿型	30%以上的钛铁矿	深渣的流动性良好，电弧吹力较大，熔深较深，熔渣覆盖良好，脱渣容易，飞溅一般，焊波整齐。焊接电流为交流或直流正、反接，适用于全位置焊接	用于焊接较重要的碳钢结构及强度等级较低的低合金钢结构。常用焊条为E4301和5001
钛钙型	30%以上的氧化钛和20%以下的钙或镁的碳酸盐矿	熔渣的流动性良好，脱渣容易，电弧稳定，熔深适中，飞溅少，焊波整齐，成形美观。焊接电流为交流或直流正、反接，适用于全位置焊接	用于焊接较重要的碳钢结构及强度等级较低的低合金钢结构。常用焊条为E4303和E5003
高纤维素钠型	大量有机物及氧化钛	焊接时有机物分解，产生大量气体，熔化速度快，电弧稳定，熔渣少，飞溅一般。焊接电流为直流反接，适用于全位置焊接	主要焊接一般低碳钢结构，也可用于打底焊及向下立焊。常用焊条为E4310和E5010
高钛钠型	35%以上的氧化钛及少量的纤维素、锰铁、硅酸盐和钠水玻璃等	电弧稳定，再引弧容易，脱渣容易，焊波整齐，成形美观。焊接电流为交流或直流正接	用于焊接一般的碳钢结构，特别适合薄板结构，也可用于盖面焊。常用焊条为E4312
低氢钠型	碳酸盐矿和萤石	焊接工艺性能一般，熔渣流动性好，焊波较粗，熔深中等，脱渣性较好，可用于全位置焊接。焊接电流为直流反接；焊接时要求焊条干燥，并采用短弧。该类焊条的熔敷金属具有良好的抗裂性能和力学性能	用于焊接重要的碳钢结构及低合金钢结构。常用焊条为E4315和E5015
低氢钾型	在低氢钠型焊条药皮的基础上添加了稳弧剂，如钾水玻璃等	电弧稳定，工艺性能，焊接位置与低氢钠型焊条相似，焊接电流为交流或直流反接。该类焊条的熔敷金属具有良好的抗裂性能和力学性能	用于焊接重要的碳钢结构，也可焊接相适用的低合金钢结构。常用焊条为E4316和E5016
氧化铁型	大量氧化铁及较多的锰铁	焊条熔化速度快，焊接生产率高，电弧燃烧稳定，再引弧容易，熔深较大，脱渣性好，焊缝金属的抗裂性能好。但飞溅稍大，不宜焊薄板，只适用于平焊及平角焊。焊接电流为交流或直流	用于焊接重要的低碳钢结构及强度较低的低合金钢结构。常用焊条为E4320和E4322

二、焊条的分类

焊条的分类方法很多，可以从不同的角度对焊条进行分类，不同国家，焊条种类的划分、型号、牌号的编制方法等都有很大的差异。

1. 按用途分类

按用途进行分类，焊条可分为结构钢焊条（包括碳钢焊条和低合金钢焊条两类）、钼及铬钼耐热钢焊条、低温钢焊条、不锈钢焊条、堆焊焊条、铸铁焊条、镍及镍合金焊条、铜及铜合金焊条、铝及铝合金焊条和特殊用途焊条。

2. 按焊条药皮熔化后熔渣的特性分类

（1）酸性焊条　酸性焊条熔渣的成分主要是酸性氧化物，如药皮类型为钛铁矿型、钛钙型、高纤维素钠型、高钛钠型、氧化铁型的焊条。由于酸性焊条药皮的氧化性强，使合金元素烧损得较多，因而其力学性能较差，特别是塑性和冲击韧性比碱性焊条低。同时，酸性焊条的脱氧、脱磷硫能力低，因此，热裂纹的倾向也较大。但是，这类焊条的焊接工艺性好，电弧稳定，飞溅小，脱渣性好，焊缝成形美观，对工件上的铁锈、油污等污物不敏感，焊接时产生的有害气体少。酸性焊条可采用交流、直流焊接电源，广泛用于一般结构的焊接。

（2）碱性焊条　碱性焊条熔渣的成分主要是碱性氧化物和氟化钙，其药皮类型为低氢钠型、低氢钾型的焊条。这类焊条由于焊缝中的含氧量较少，合金元素很少被氧化，故脱氧、脱硫、脱磷的能力较强，而且药皮中的萤石还有较好的去氢能力。所以，焊缝金属的力学性能和抗裂性能都比酸性焊条好，一般用于重要的焊接结构，如承受动载或刚性较大的结构。但碱性焊条的工艺性能差，引弧困难，电弧稳定性差，飞溅较大，不易脱渣，必须采用短弧焊，不加稳弧剂时只能采用直流电源焊接。

3. 按焊条的性能分类

按性能分类的焊条，都是根据其特殊使用性能来制造的专用焊条，可以分为超低氢焊条、低尘低毒焊条、立向下焊条、底层焊条、铁粉高效焊条、抗潮焊条、水下焊条、重力焊条和躺焊焊条等。

三、焊条的型号与牌号

焊条型号是以国家标准为依据，反映焊条主要特性的一种编号方法。在同一类型的焊条中，可根据不同特性分成不同的型号。某一型号的焊条可能有一个或几个品种。同一型号的焊条在不同的焊条制造厂往往采用不同的牌号。焊条牌号是按焊条的主要用途及性能特点对焊条产品进行具体命名，目前，除焊条生产厂研制的新焊条可自取牌号外，焊条牌号绝大部分已在全国统一。

1. 碳钢焊条

（1）焊条型号　按国家标准规定，碳钢焊条和低合金钢焊条的型号是根据熔敷金属的力学性能、药皮类型、焊接位置和电流种类来划分的。

字母“E”表示焊条；前两位数字表示熔敷金属抗拉强度的最小值，其单位为 ×

10MPa；第三位数字表示焊条的焊接位置，“0”及“1”表示焊条适用于全位置焊接，“2”表示焊条只适用于平焊及平角焊，“4”表示焊条适用于向下立焊；第三位数字和第四位数字组合时，表示焊接电流的种类及药皮类型，见表6-3。

表6-3　碳钢焊条和低合金钢焊条型号中第三、第四位数字组合的含义

焊条型号	药皮类型	焊接位置	电流种类
E××00	特殊型	平、立、横、仰	交流或直流正、反接
E××01	钛铁矿型		
E××03	钛钙型		
E××10	高纤维素钠型		直流反接
E××11	高纤维素钾型		交流或直流反接
E××12	高钛钠型		交流或直流正接
E××13	高钛钠型		交流或直流正、反接
E××14	铁粉钛型		
E××15	低氢钠型		直流反接
E××16	低氢钾型		交流或直流反接
E××18	铁粉低氢型		
E××20	氧化铁型	平、平角	交流或直流正接
E××22			交流或直流正、反接
E××23	铁粉钛钙型		
E××24	铁粉钛型		
E××27	铁粉氧化铁型		交流或直流正接
E××28			交流或直流反接
E××48	铁粉低氢型	平、横、仰立向下	

碳钢焊条型号举例：

E 43 1 5

- 5：表示焊条药皮为低氢钠型，采用直流反接焊接
- 1：表示焊条适用于全位置焊接
- 43：表示熔敷金属抗拉强度的最小值，该两位数×10MPa
- E：表示焊条

（2）焊条牌号　牌号首位字母“J”或汉字“结”表示结构钢焊条；后面第1、第2位数字表示熔敷金属抗拉强度的最小值（kgf/mm²），见表6-4；第3位数字表示药皮类型和焊接电源种类，见表6-5。常用碳钢焊条的型号与牌号对照表见表6-6。

表6-4　结构钢焊条熔敷金属的强度等级

焊条牌号	抗拉强度不小于/MPa（kgf/mm²）	屈服强度不小于/MPa（kgf/mm²）
J42×	420（43）	330（34）
J50×	490（50）	410（42）
J55×	540（55）	440（45）

（续）

焊条牌号	抗拉强度不小于/MPa(kgf/mm^2)	屈服强度不小于/MPa(kgf/mm^2)
J60×	590(60)	530(54)
J70×	690(70)	590(60)
J75×	740(75)	640(65)
J80×	790(80)	—(—)
J85×	830(85)	740(75)
J10×	980(100)	—(—)

表 6-5　焊条牌号第 3 位数字的含义

焊 条 牌 号	药 皮 类 型	焊接电源的种类
J××0	不定型	不规定
J××1	氧化钛型	交流或直流
J××2	钛钙型	
J××3	钛铁矿型	
J××4	氧化钛型	
J××5	纤维素型	
J××6	低氢钾型	
J××7	低氢钠型	直流
J××8	石墨型	交流或直流
J××9	盐基型	直流

注：“××”表示牌号中的前两位数字。

表 6-6　常用碳钢焊条的型号与牌号对照表

序号	型号	牌号	序号	型号	牌号
1	E4303	J422	5	E5003	J502
2	E4323	J422Fe	6	E5016	J506
3	E4316	J426	7	E5015	J507
4	E4325	J427			

2. 低合金钢焊条

低合金钢焊条的型号是根据熔敷金属的力学性能、药皮类型、焊接位置和电流种类来划分的。

低合金钢焊条的型号是以字母“E”加四位数字，再附有后缀字母来表示的。后缀字母表示熔敷金属化学成分的分类代号，见表6-7，并以短划“-”与前面的数字分开；若还有附加化学成分，则附加化学成分直接用元素符号表示，并以短划“-”与前面的后缀字母分开。

低合金钢焊条型号举例：

E　55　15 − B_3 − VWB

- VWB——熔敷金属中含有硼、钨、钒元素
- B_3——熔敷金属化学成分的分类代号
- 5——焊条药皮为低氢钠型，采用直流反接焊接
- 1——焊条适用于全位置焊接
- 55——熔敷金属抗拉强度的最小值，该两位数×10MPa
- E——焊条

表 6-7　低合金钢焊条熔敷金属化学成分分类代号

化学成分分类	代号
碳钼钢焊条	E××××-A_1
铬钼钢焊条	E××××-B_1 ~ B_5
镍钢焊条	E××××-C_1 ~ C_3
镍钼钢焊条	E××××-NM
锰钼钢焊条	E××××-D_1 ~ D_3
其他低合金焊条	E××××-G、M、M_1、W

常用低合金钢焊条的型号与牌号对照见表 6-8。

表 6-8　常用低合金钢焊条的型号与牌号对照表

序号	型号	牌号	序号	型号	牌号
1	E5015-G	J507MoNb J507NiCu	8	E5503-B_1 E5515-B_1	R202 R207
2	E5515-G	J557 J557Mo J557MoV	9	E5503-B_2 E5515-B_2	R302 R307
3	E6015-G	J617Ni	10	E5515-B_3-VWB	R347
4	E6015-D_1	J607	11	E6015-B_3	R407
5	E7015-D_2	J707	12	E1-5MoV-15	R507
6	E8515-G	J857	13	E5515-G_1	W707Ni
7	E5015-A_1	R107	14	E5515-G_2	W907Ni

3. 不锈钢焊条

（1）焊条型号　按国家标准 GB/T 983—2012《不锈钢焊条》的规定，不锈钢焊条的型号是根据熔敷金属的化学成分、药皮类型、焊接位置和电流种类来划分的。

字母“E”表示焊条；“E”后面的数字表示熔敷金属化学成分分类代号，有特殊要求的化学成分用元素符号表示，放在数字后面；数字后的字母“L”表示碳含量较低，“H”表示碳含量较高，“R”表示硫、磷、硅的含量较低；短划“-”后面的两位数字表示焊条药皮的类型、焊接位置及焊接电流的种类，见表 6-9。

表 6-9　焊接电流、焊接位置及药皮类型代号

焊条型号	焊接电流	焊接位置	药皮类型
E×××(×)-15	直流反接	全位置	碱性药皮
E×××(×)-25		平焊、横焊	
E×××(×)-16	交流或直流反接	全位置	碱性药皮或钛型、钛钙型
E×××(×)-17			
E×××(×)-26		平焊、横焊	

不锈钢焊条型号举例如下：

E　308-15
- 15——焊条为碱性药皮，适用于全位置，采用直流反接焊接
- 308——熔敷金属化学成分分类代号
- E——焊条

（2）焊条牌号　牌号首位字母用“G”或汉字“铬”表示铬不锈钢焊条，如果为“A”或汉字“奥”，则表示奥氏体铬镍不锈钢焊条。后面的第一位数字表示熔敷金属主要化学成分组成的等级，见表6-10；第二位数字表示熔敷金属主要化学成分组成等级中的不同牌号，同一组成等级的焊条，可有10个序号，按0、1、2、…、9顺序排列；第三位数字表示药皮类型和电源种类，见表6-5。

表 6-10　不锈钢焊条熔敷金属主要化学成分组成的等级

焊条牌号	熔敷金属主要化学成分组成的等级(质量分数)	焊条牌号	熔敷金属主要化学成分组成的等级(质量分数)
G2××	含铬约13%	A4××	含铬26%，含镍21%
G3××	含铬约17%	A5××	含铬16%，含镍25%
A0××	含碳量不大于0.04%	A6××	含铬16%，含镍35%
A1××	含铬19%，含镍10%	A7××	铬-锰-氮不锈钢
A2××	含铬18%，含镍12%	A8××	含铬18%，含镍18%
A3××	含铬23%，含镍13%	A9××	含铬20%，含镍34%

不锈钢焊条牌号举例：

G　2　0　2
- 2——钛钙型药皮，交、直流两用
- 0——牌号分类编号为0
- 2——熔敷金属主要化学成分等级为铬的质量分数约为13%
- G——铬不锈钢焊条

A　1　0　2
- 2——钛钙型药皮，交、直流两用
- 0——牌号分类编号为0
- 1——熔敷金属主要化学成分等级为铬的质量分数约为19%，镍的质量分数为10%
- A——奥氏体型不锈钢焊条

常用不锈钢焊条的型号与牌号对照见表6-11。

表 6-11 常用不锈钢焊条的型号与牌号对照表

序号	型号(新)	型号(旧)	牌号	序号	型号(新)	型号(旧)	牌号
1	E410-16	E1-13-16	G202	8	E309-15	E1-23-13-15	A307
2	E410-16	E1-13-15	G207	9	E310-16	E2-26-21-16	A402
3	E410-15	E1-13-15	G217	10	E310-15	E2-26-21-15	A407
4	E308L-16	E00-19-10-16	A002	11	E347-16	E0-19-10Nb-16	A132
5	E308-16	E0-19-10-16	A102	12	E347-15	E0-19-10Nb-15	A137
6	E308-15	E0-19-10-15	A107	13	E316-16	E0-18-12Mo_2-16	A202
7	E309-16	E1-23-13-16	A302	14	E316-15	E0-18-12Mo_2-15	A207

四、焊条的选用

选择焊条的基本原则是在确保焊接结构安全、使用可靠的前提下，根据被焊材料的化学成分、力学性能、板厚及接头形式、焊接结构特点、受力状态、结构使用条件等，对焊缝性能要求、焊接施工条件和技术经济效益等进行综合考察后，尽量选用工艺性能好和生产率高的焊条。同种钢焊接时，焊条的选用要点如下。

1. 等强度原则

对于低碳钢和某些低合金钢工件，大多数要求焊缝与母材等强度。因此，应按母材的抗拉强度选用相同抗拉强度等级的焊条。但焊缝强度并不是比母材强度越高越好，因为焊缝强度过高会造成焊缝塑性下降，反而有害。对不同强度级别的母材施焊时，可按强度级别低的一侧选用焊条。

2. 酸性焊条和碱性焊条的选用

确定焊条的抗拉强度等级后，在决定选用酸性焊条或碱性焊条时，一般要考虑以下几方面的因素：

1）当接头坡口表面难以清理干净时，应采用氧化性强，对铁锈、油污等不敏感的酸性焊条。

2）在容器内部或通风条件较差的条件下，应选用焊接时析出有害气体少的酸性焊条。

3）当母材中碳、硫、磷等元素的含量较高，且焊件形状复杂、结构刚性大和厚度大时，应选用抗裂性好的碱性低氢型焊条。

4）当焊件承受振动载荷或冲击载荷时，除保证抗拉强度外，应选用塑性和韧性较好的碱性焊条。

5）在酸性焊条和碱性焊条均能满足性能要求的前提下，应尽量选用工艺性能较好的酸性焊条。

3. 焊条的焊接位置

对于受条件限制不能翻转的结构，有些焊缝处于非平焊位置时，应选用适用于全位置焊接的焊条；当焊接部位始终是向下立焊时，可以选用专门向下立焊的焊条或其他专用焊条；对于焊接工作量大的结构，应尽量选用效率高焊条，如铁粉焊条、重力焊条等，以提高生产率。

第二节 焊 丝

焊丝是焊接时作为填充金属或同时作为电极的金属丝。例如，在熔化极气体保护焊、埋弧焊和电渣焊中，焊丝同时作为填充金属和电极；而在气焊、钨极氩弧焊中，焊丝则只作为填充金属。

焊丝的分类方法很多，常用的分类方法如下：

1）按适用的材料性质，焊丝可分为碳钢焊丝、低合金结构钢焊丝、硬质合金堆焊焊丝、不锈钢焊丝、铸铁焊丝和非铁金属焊丝等。

2）按适用的焊接工艺方法，焊丝可分为埋弧焊焊丝、气体保护焊焊丝、电渣焊焊丝、气焊焊丝等。

3）按不同的制造方法，焊丝可分为实芯焊丝和药芯焊丝两大类。其中，药芯焊丝又可分为气体保护焊丝和自保护焊丝两种。

一、实芯焊丝

实芯焊丝是热轧线材经拉拔加工而成的。为了防止生锈，须对焊丝（除不锈钢焊丝外）表面进行特殊处理（主要是镀铜处理），这样不但有利于保存，并可改善焊丝的导电性及送丝的稳定性。由于不同的焊接工艺方法需要不同的电流密度，所以，不同的焊接方法也需要选用不同的焊丝直径。

❖各种焊接方法中所用的焊丝有何不同特点？

1. 埋弧焊焊丝

目前，埋弧焊焊丝与焊条电弧焊焊条的焊芯同属一项国家标准。埋弧焊所用的焊丝有实芯焊丝和药芯焊丝两类，药芯焊丝只在某些特殊工艺场合应用，生产中普遍采用的是实芯焊丝。焊丝按照成分和用途分类，主要有碳素结构钢、合金结构钢和不锈钢焊丝三大类。目前，随所焊金属材料种类的增加，焊丝的品种也在增加，如高合金钢焊丝、非铁金属焊丝及堆焊用的特殊合金钢焊丝等。

埋弧焊所用焊丝的表面应当干净光滑，焊接时能顺利地送进，以免给焊接过程带来干扰。除不锈钢焊丝和非铁金属焊丝外，各种低碳钢和低合金钢焊丝的表面最好镀铜，镀铜层既可起防锈作用，也可改善焊丝与导电嘴的电接触状况。埋弧焊一般使用直径为3～6mm的焊丝，以充分发挥埋弧焊的大电流和高熔敷率的优点。

2. CO_2气体保护焊焊丝

CO_2气体保护焊焊丝有实芯焊丝和药芯焊丝两种，其中实芯焊丝是目前最常用的焊丝。

（1）对焊丝的要求 由于在CO_2气体保护焊过程中，强烈的氧化反应使大量的合金元素烧损，所以，CO_2气体保护焊焊丝必须比母材含有较多的Mn和Si等脱氧元素，以防止焊缝产生气孔，减少飞溅，保证焊缝金属具有足够的力学性能。焊丝中碳的质量分数应限制在0.10%以下，并控制硫、磷的含量。

（2）焊丝的型号及规格　根据GB/T 8110—2008《气体保护电弧焊用碳钢、低合金钢焊丝》的规定，焊丝型号由三部分组成。“ER”表示焊丝；ER后面的两位数字表示熔敷金属的最低抗拉强度；短划“-”后面的字母或数字表示焊丝化学成分分类代号，如还附加其他化学成分，则直接用元素符号表示，并以短划“-”与前面的数字分开。

CO_2 气体保护焊焊丝型号举例：

ER　49-1

- 1：焊丝化学成分分类代号
- 49：熔敷金属抗拉强度的最低值为490MPa
- ER：焊丝

目前，常用的 CO_2 气体保护焊焊丝有ER49-1和ER50-6等。ER49-1对应的牌号为H08Mn2SiA，ER50-6对应的牌号为H11Mn2SiA。对于低碳钢及低合金高强度钢，常用焊丝为H08Mn2SiA、H10MnSiMo，它们有较好的工艺性能、力学性能及抗热裂纹的能力。

3. 惰性气体保护焊和熔化极活性气体保护电弧焊焊丝

对于氧化性较强的保护气体，应该采用高锰高硅焊丝；对于氧化性较弱的保护气体，可以采用低锰低硅焊丝。焊接低碳钢及低合金钢时，一般按照等强度原则选择焊丝；焊接特殊性能钢及非铁金属时，一般按照成分匹配原则选择焊丝。

二、药芯焊丝

药芯焊丝又称管状焊丝或粉芯焊丝，是继焊条和实芯焊丝之后的又一类焊接材料。利用药芯焊丝作为熔化极的电弧焊称为药芯焊丝电弧焊（FCAW）。药芯焊丝以其明显的技术优势和经济优势，逐步成为焊接材料的主导产品，是很有发展前景的焊接材料。

药芯焊丝是采用经过光亮退火的H08A冷轧薄钢带，在轧机上通过一套轧辊进行纵向折叠，并在折叠过程中加进预先配制好的焊剂，最后拉拔成所需规格的焊丝，绕成盘状供应。

药芯焊丝芯部粉剂的成分和焊条药皮的成分类似，药芯在焊接过程中起着和焊条药皮相同的作用。其粉剂成分可分为钛型、钙型和钛钙型几种，属于酸性渣系药芯。用钛型酸性渣系药芯焊丝熔敷金属，不仅焊接工艺性能好，而且可以达到低氢要求，其力学性能也可以达到高韧性，故应用较多。

1. 药芯焊丝的分类

目前，药芯焊丝还没有统一的分类标准，本书按以下常用方法进行分类。

（1）按保护方式分类　药芯焊丝电弧焊根据外加保护方式不同，可分为药芯焊丝气体保护电弧焊、药芯焊丝埋弧焊和药芯焊丝自保护焊。其中，应用最广的是药芯焊丝 CO_2 气体保护电弧焊。

（2）按焊丝的截面形状分类　药芯焊丝的截面形状是多种多样的，可简单地分为“O”形截面和复杂截面两大类，见表6-12。

表 6-12　药芯焊丝按截面形状分类

类别	无缝	对接	搭接	T 形	E 形	双层
横截面		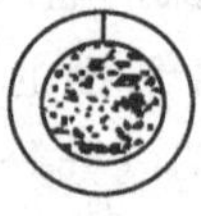				
符号	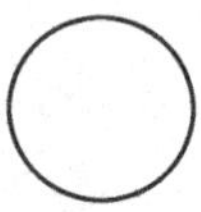	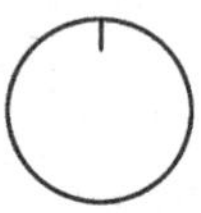	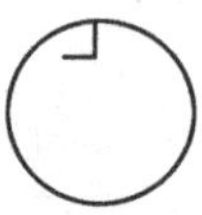		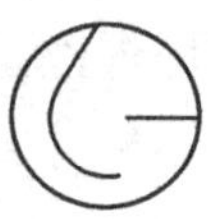	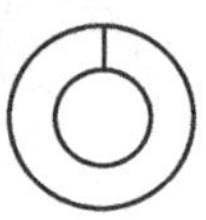

（3）按用途分类　药芯焊丝按用途可分为低碳钢及低合金钢用药芯焊丝、低合金钢用药芯焊丝、低温钢用药芯焊丝、耐热钢用药芯焊丝、不锈钢用药芯焊丝、镍及镍合金用药芯焊丝等。

2. 碳钢药芯焊丝的型号和牌号

这里仅介绍碳钢药芯焊丝的有关知识，其他种类焊丝的知识可参阅相关书籍。

（1）碳钢药芯焊丝的型号　碳钢药芯焊丝的型号是根据 GB/T 10045—2001《碳钢药芯焊丝》编制的。字母“EF”表示药芯焊丝；字母后的第一位数字表示主要适用的焊接位置，“0”表示适用于平焊和横焊，“1”表示适用于全位置焊；字母后的第二位数字或字母表示分类代号。短划线“ -”后的四位数字表示焊缝金属的力学性能，前两位数字表示最小抗拉强度的 1/10，后两位数字表示夏比（V 形缺口）冲击吸收能量。其中，第一位数字表示夏比冲击吸收能量大于或等于 27J 时对试的试验温度，第二位数字表示夏比冲击吸收能量大于或等于 47J 时对应的试验温度。

焊钢药芯焊丝型号举例：

EF 0 3-50 4 2

2——夏比冲击吸收能量在 0℃ 时不小于 47J

4——夏比冲击吸收能量在 －30℃ 时不小于 27J

50——抗拉强度的最小值为 500MPa

3——焊丝药芯为氧化钙 - 氟化物型，采用二氧化碳保护气体，采用直流，焊丝接正极，用于单道及多道焊

0——适用于平焊和横焊

EF——药芯焊丝

（2）碳钢药芯焊丝的牌号　按《焊接材料产品样本》的规定，碳钢药芯焊丝牌号的表示方法如下：

1）第一个字母“Y”表示药芯焊丝，第二个字母和其后的三个数字与焊条牌号的编制方法相同。例如，YJ×××为结构钢药芯焊丝，YR×××为耐热钢药芯焊丝。

2）短划线“-”后的数字表示焊接时的保护方法：“1”表示气体保护，“2”表示自保护，“3”表示气体保护和自保护两用，“4”表示其他保护形式。

碳钢药芯焊丝牌号举例：

Y　J　42　2-1

- 2-1：气体保护
- 2：钛钙型，交、直流两用
- 42：焊缝金属的抗拉强度不低于420MPa
- J：结构钢
- Y：药芯焊丝

3. 药芯焊丝在气体保护电弧焊中的应用特点

药芯焊丝气体保护焊的主要缺点如下：

1）焊丝制造过程复杂，成本高。

2）药芯焊丝较实芯焊丝软，送丝较困难，需要特殊的送丝机构。

3）焊丝外表容易锈蚀，其内部粉剂易吸潮。

4）与其他熔化极气保护焊相比，增加了清渣工序，烟尘产生量较多。

但药芯焊丝气体保护焊也有焊条电弧焊和普通熔化极气体护焊所无法比拟的优点，其主要优点如下：

1）药芯焊丝气体保护焊时，通过药芯产生造气、造渣及一系列冶金反应，明显地改善了焊接工艺性能，可实现熔滴的喷射过渡，飞溅少，并且可全位置焊接。

2）药芯焊丝气体保护焊时，熔敷速度明显高于焊条，并略高于实芯焊丝，生产率为焊条电弧焊的3~4倍，能源的利用率也有所提高。

3）药芯焊丝可以通过外皮金属和药芯成分两种途径调整熔敷金属的化学成分，从而可以满足焊接不同成分钢材的需要。

4）由于药粉改变了电弧特性，对焊接电源无特殊要求，故交、直流，平、缓外特性均可。

第三节　焊剂和气焊熔剂

一、焊剂

焊剂是焊接时，能够熔化形成熔渣和气体，对熔化金属起保护和冶金处理作用的一种物质。焊剂的作用与焊条药皮类似，其在熔焊中必须与焊丝配合使用。焊剂主要用于埋弧焊和电渣焊，用于埋弧焊的为埋弧焊焊剂，用于电渣焊的称为电渣焊焊剂。

1. 焊剂的分类

（1）按制造方法分类　可分为熔炼焊剂、烧结焊剂和粘结焊剂。

1）熔炼焊剂。将一定比例的各种配料干混均匀后在炉中熔炼，随后注入水中急冷，再干燥、破碎和筛选而成，一般制成玻璃状、结晶状、浮石状焊剂。目前，我国熔炼焊剂的应用较多。

2）烧结焊剂。将一定比例的各种粉状配料拌匀，加入水玻璃调成湿料，在700~1000℃的温度下烧结成块，再经粉碎、筛选而成。由于熔炼焊剂在生产制造过程中耗能大、污染严重，所以在国外，80%以上的焊剂都使用烧结焊剂。

3）粘接焊剂（也称陶质焊剂）。将一定比例的各种粉状配料加入水玻璃并混合拌匀，然后经粒化和低温（350～500℃）烘干制成。

因为后两种焊剂没有熔炼过程，所以可在其中添加合金元素，以改善焊缝金属的合金成分。

（2）按化学成分分类　可分为高锰焊剂、中锰焊剂、低锰焊剂和无锰焊剂。根据焊剂中氧化锰、二氧化硅和氟化钙含量的高低，焊剂还可分成不同的类型。

2. 焊剂的型号

根据国家标准GB/T 5293—1999《埋弧焊用碳钢焊丝和焊剂》的规定，碳钢焊剂的型号根据焊丝-焊剂组合的熔敷金属力学性能、热处理状态进行编制。其中，字母“F”表示焊剂；字母F后的第一位数字表示焊丝-焊剂组合的熔敷金属抗拉强度的最小值；第二位字母表示试件的热处理状态，“A”表示焊态，“P”表示焊后热处理状态；第三位数字表示熔敷金属冲击吸收能量不小于27J时的最低试验温度；短线“-”后面的字母和数字表示焊丝牌号。

焊剂型号举例：

F　4　A　2-H08A

- H08A——焊丝牌号
- 2——熔敷金属冲击吸收能量不小于27J时的最低试验温度为－20℃
- A——试件为焊态
- 4——熔敷金属抗拉强度的最小值为415MPa
- F——焊剂

3. 焊剂的牌号

（1）熔炼焊剂牌号的表示方法　熔炼焊剂的牌号表示为“HJ×××”。HJ后面有三位数字：第一位数字表示焊剂中氧化锰的平均质量分数，见表6-13；第二位数字表示焊剂中二氧化硅、氟化钙的平均质量分数，见表6-14；第三位数字表示同一类型焊剂的不同牌号，对于同一种牌号，焊剂有两种颗粒度，在细颗粒产品后面加一“细”字。

表6-13　焊剂牌号中氧化锰的平均质量分数

牌号	焊剂类型	氧化锰的平均质量分数
HJ1××	无锰	<2%
HJ2××	低锰	2%～15%
HJ3××	中锰	15%～30%
HJ4××	高猛	>30%

表6-14　焊剂牌号中二氧化硅、氟化钙的平均质量分数

牌号	焊剂类型	二氧化硅、氟化钙的平均质量分数
HJ×1×	低硅低氟	$w_{SiO_2}<10\%$，$w_{CaF_2}<10\%$
HJ×2×	中硅低氟	$w_{SiO_2}\approx10\%\sim30\%$，$w_{CaF_2}<10\%$
HJ×3×	高硅低氟	$w_{SiO_2}>30\%$，$w_{CaF_2}<10\%$

（续）

牌号	焊剂类型	二氧化硅、氟化钙的平均质量分数
HJ×4×	低硅中氟	$w_{SiO_2}<10\%$，$w_{CaF_2}\approx10\%\sim30\%$
HJ×5×	中硅中氟	$w_{SiO_2}\approx10\%\sim30\%$，$w_{CaF_2}\approx10\%\sim30\%$
HJ×6×	高硅中氟	$w_{SiO_2}>30\%$，$w_{CaF_2}\approx10\%\sim30\%$
HJ×7×	低硅高氟	$w_{SiO_2}<10\%$，$w_{CaF_2}<30\%$
HJ×8×	中硅高氟	$w_{SiO_2}\approx10\%\sim30\%$，$w_{CaF_2}>30\%$

熔炼焊剂牌号举例：

HJ　4　3　1　细

- 细——细颗粒焊剂
- 1——焊剂牌号编号为1
- 3——焊剂为高硅低氟型
- 4——高锰型
- HJ——熔炼焊剂

（2）烧结焊剂牌号的表示方法　焊剂牌号表示为“SJ×××”，SJ后面有三位数字，具体内容如下：

1）第一位数字表示焊剂熔渣的渣系类型，见表6-15。

表6-15　烧结焊剂熔渣的渣系类型　（%）

焊剂牌号	熔渣的渣系类型	主要组成范围
SJ1××	氟碱型	$w_{CaF_2}\geqslant15$，$w_{CaO+MgO+CaF_2}>50$，$w_{SiO_2}\leqslant20$
SJ2××	高铝型	$w_{Al_2O_3}\geqslant20$，$w_{Al_2O_3+CaO+MgO}>45$
SJ3××	硅钙型	$w_{CaO+MgO+SiO_2}>60$
SJ4××	硅锰型	$w_{MnO+SiO_2}>50$
SJ5××	铝钛型	$w_{Al_2O_3+TiO_2}>45$
SJ6××	其他型	

2）第二、第三位数字表示同一渣系类型焊剂中的不同牌号，按01、02、…、09的顺序排列。

4. 焊剂颗粒度

对焊剂的要求除了与焊条中的药皮有相同之处外，还有一定的颗粒度要求。一般来说，大电流焊接时选用细颗粒度焊剂，以使焊道外观成形美观；小电流焊接时选用粗颗粒度焊剂，这样有利于气体逸出，可避免麻点、凹坑甚至气孔的出现；高速焊时，为保证气体逸出，可也选用颗粒度相对较大的焊剂。通常，烧结焊剂供应的粒度为10~60目，熔炼焊剂供应的粒度为8~40目，也可提供特种颗粒的焊剂。

资料卡片

❖ 循环使用的埋弧焊焊剂和新的同批号焊剂混合时，其含量不能超过混合物总量的50%。循环使用的焊剂在混合前，应清除焊剂中的氧化铁及渣壳，并应通过焊剂分粒机去除过细的粉末和杂质。

二、气焊熔剂

气焊熔剂也称气焊粉，是焊接时的辅助熔剂。其作用是与熔池内的金属氧化物或非金属夹杂物相互作用生成熔渣，覆盖在熔池表面，以减少有害气体的侵入，改善焊缝质量。所以，在焊接非铁金属、铸铁和合金钢时，通常采用气焊熔剂。低碳钢气焊时，一般不需要使用气焊熔剂。

气焊熔剂可预先涂在焊件的待焊处或焊丝上，也可以在气焊过程中将高温的焊丝端部在装有焊剂的器皿中蘸上焊剂，再填加到熔池中。

1. 气焊熔剂牌号的表示方法

CJ × ××

- ×× ——同一类型气焊熔剂的不同牌号
- × ——气焊熔剂的用途类型，“1”为不锈钢和耐热钢气焊用，“2”为铸铁气焊用，“3”为铜及铜合金气焊用，“4”为铝及铝合金气焊用
- CJ ——气焊熔剂

2. 常用气焊熔剂的牌号和用途

常用气焊熔剂的选择应根据焊件的材质及性能而定，常用气焊熔剂的牌号、性能及用途见表6-16。

表6-16 常用气焊熔剂的牌号、性能及用途

牌号	名称	适用材料	基本性能
CJ101	不锈钢及耐热钢气焊熔剂	不锈钢及耐热钢	熔点约为900℃，有良好的润湿作用，能防止熔化金属被氧化，焊后熔渣易清除
CJ201	铸铁气焊熔剂	铸铁	熔点约为650℃，呈碱性反应，有潮解性，能有效地去除铸铁在气焊时产生的硅酸盐和氧化物，可加速金属熔化
CJ301	铜气焊熔剂	铜及铜金合	熔点约为650℃，呈酸性反应，能溶解氧化铜和氧化亚铜
CJ401	铝气焊熔剂	铝及铝合金	熔点约为560℃，呈碱性反应，能有效地破坏氧化铝膜，因具有潮解性，在空气中能引起铝的腐蚀，所以焊后必须将熔渣清除干净

【思考与练习】

一、判断题

1. 焊条电弧焊时，在整个焊缝金属中，焊芯金属只占极少的一部分。 ( )
2. 使用碱性焊条焊接时的烟尘较酸性焊条少。 ( )
3. 锰铁、硅铁在药皮中既可作为脱氧剂，又可作为合金剂。 ( )

4. 酸性焊条对铁锈、水分、油污的敏感性小。 (　　)
5. 焊接Q235钢与Q345钢时，应选用E5015型焊条。 (　　)
6. 对于不锈钢和耐热钢，应根据母材的化学成分选择相应的焊条。 (　　)
7. E5015型焊条不适用于全位置焊。 (　　)
8. 为了防止产生热裂纹和冷裂纹，应该使用酸性焊条。 (　　)
9. 碱性焊条药皮中的萤石所起的作用是提高熔渣的黏度，提高抗气孔能力。 (　　)
10. E4303焊条的脱硫效果比E5015焊条好。 (　　)
11. 酸性焊条和碱性焊条的脱硫效果是一样的。 (　　)
12. 焊剂的作用主要是使焊缝表面成形光滑、美观。 (　　)

二、选择题

1. 焊条电弧焊时，焊条既作为电极，在焊条熔化后又作为(　　)直接过渡到熔池中，与液态的母材熔合后形成焊缝金属。

A. 热影响区　　B. 接头金属　　C. 焊缝金属　　D. 填充金属

2. 焊芯中锰的作用是(　　)。

A. 减少热裂纹　　B. 减少冷裂纹　　C. 增大硬度

3. 用E5015型焊条焊接时，其焊缝熔敷金属的抗拉强度为(　　)MPa。

A. 500　　B. 15　　C. 5015　　D. 5

4. 在没有直流电源的情况下，应选用(　　)焊条。

A. E4315　　B. E4303　　C. E5015

5. 焊接不同强度等级的低碳钢与低合金钢时，应该按强度等级(　　)的钢材选择相匹配的焊条。

A. 高　　B. 低　　C. 平均值

6. 碱性焊条的脱渣性比酸性焊条的脱渣性(　　)。

A. 差　　B. 好　　C. 一样　　D. 不能判断

7. E5015焊条属于(　　)。

A. 不锈钢焊条　　B. 低温钢焊条　　C. 结构钢焊条　　D. 铸铁焊条

8. E4303中的前两位数字表示熔敷金属抗拉强度的最小值为(　　)MPa。

A. 40　　B. 400　　C. 4000　　D. 4

9. 低合金钢及低碳钢埋弧焊时，可采用(　　)高硅焊剂与低锰焊丝相配合。

A. 低锰　　B. 中锰　　C. 高锰

10. CJ301是用于气焊(　　)的一种焊剂。

A. 黄铜　　B. 铸铁　　C. 中碳钢

三、简答题

1. 焊条药皮的作用是什么？

2. 焊条药皮由哪些原料组成？按其在焊接过程中所起的作用不同，焊条药皮通常分为哪几类？

3. 焊条药皮的类型主要有哪些？钛钙型、低氢钠型药皮各有什么特点？
4. 解释下列焊条型号的意义：E4303、E5015、E3088-15、E5515-B_3-VW。
5. 什么是碱性焊条？什么是酸性焊条？它们各有哪些优、缺点？
6. 焊条的选用原则有哪些？
7. 按适用的材料性质不同，焊丝可分为哪些种类？
8. 焊剂的类型主要有哪些？焊剂牌号的编制规则有哪些？

参 考 文 献

[1] 赵枫，英若采．金属熔焊基础［M］．2版．北京：机械工业出版社，2009.

[2] 邱葭菲．金属熔焊原理与材料焊接［M］．北京：机械工业出版社，2011.

[3] 邓洪军．金属熔焊原理［M］．北京：机械工业出版社，2009.

[4] 中国机械工程学会焊接分会．焊接金相图谱［M］．北京：机械工业出版社，1987.

[5] 曾金传．焊接质量管理与检验［M］．北京：机械工业出版社，2009.

[6] 王贵斗．金属材料与热处理［M］．北京：机械工业出版社，2008.

[7] 周振丰，张文钺．焊接冶金与金属焊接性［M］．北京：机械工业出版社，1988.

[8] 陈祝年．焊接工程师手册［M］．北京：机械工业出版社，2002.

[9] 英若采．熔焊原理与金属材料焊接［M］．北京：机械工业出版社，2004.